W0299134

ANDREAS SPAETH

CONCORDE

Der Überschall-Passagierjet

F-BTSD

ANDREAS SPAETH

CONCORDE

Der Überschall-Passagierjet

GeraMond

Für Silvia

Ein kostenloses Gesamtverzeichnis erhalten Sie beim
GeraMond Verlag
D-81664 München

www.geramond.de

Lektorat: GÜNTER STAUCH
Layout: BUCHFLINK Rüdiger Wagner, Nördlingen
Druck: SELLIER-DRUCK

Alle Angaben dieses Werkes wurden vom Autor sorgfältig recherchiert und auf den aktuellen Stand gebracht sowie vom Verlag geprüft. Für die Richtigkeit der Angaben kann jedoch keine Haftung übernommen werden. Für Hinweise und Anregungen sind wir jederzeit dankbar. Bitte richten Sie diese an:

GeraMond Verlag
Lektorat
Innsbrucker Ring 15
D-81673 München
e-mail: lektorat@geranova.de

Bildnachweis: Titelbild: Britsche Concorde / Bild: British Airways
Seiten 2/3: Concorde de Air France / Bild: Andreas Spaeth (AS)

Die Deutsche Bibliothek – CIP Einheitsaufnahme
Ein Titeldatensatz für diese Publikation ist bei der Deutschen Bibliothek erhältlich.

© 2003 GeraMond Verlag im Hause GeraNova Verlag GmbH, München

Alle Rechte vorbehalten
PRINTED IN GERMANY

Vorwort

Die Concorde ist nicht nur das ungewöhnlichste und aufregendste Passagierflugzeug aller Zeiten, sondern auch das formschönste, das je gebaut wurde. Noch heute, über 33 Jahre nach ihrem Erstflug, wirkt sie mit ihrer zeitlosen Eleganz wie neu erschaffen. Die Silhouette ihrer schlanken Deltaflügel wurde weltweit zur Design-Ikone, die über die Jahrzehnte als Symbol für Fortschritt und Geschwindigkeit immer wieder in der Werbung für Uhren, Zigaretten und Luxusgüter auftauchte. Das Projekt Concorde hat von frühes-ten Anfängen mit einer kaum überwindbar scheinenden Zahl an Schwierigkeiten, Hürden und Behinderungen technischer wie politischer Art kämpfen müssen. Wirtschaftlich ist sie nie zur Überfliegerin geworden, sondern bleibt ein Symbol für das Geltungsbedürfnis von Nationen, die dafür notfalls Milliarden an Steuergeldern einsetzen.

Vor diesem Hintergrund ist es mehr als beachtlich, dass dieses revolutionäre Flugzeug von 1976 bis 2000 unfallfrei im Liniendienst stand. Die Tatsache, dass sie seit November 2001 wieder im Streckendienst steht, hat all jene Lügen gestraft, die nach dem tragischen Absturz von Paris von „fliegender Zeitbombe" sprachen oder wie schon 20 Jahre zuvor wieder die alte Parole „Reif für's Museum" hervorholten. Bis Ende 2001 sind etwa 3,6 Millionen Fluggäste in den Concordes beider Gesellschaften auf Linien- und Charterflügen unterwegs gewesen, allein bei British Airways wurden bis Anfang September 2002 genau 145716 Flugstunden auf 45394 Flügen mit rund zwei Millionen Passagieren ohne ernste Zwischenfälle absolviert – eine stolze Bilanz.

Sicherlich ist die Concorde heute in ökonomischer und ökologischer Hinsicht ein Anachronismus, der sich unter aktuellen Bedingungen nie wiederholen ließe. Aber sie ist auch ein Denkmal für die Kreativität und Durchsetzungskraft einiger hundert visionärer Ingenieure und steht für die Träume technischer Machbarkeit, die unter der heute vielerorts herrschenden Erbsenzähler-Mentalität der Buchhalter und Controller nicht mehr entstehen könnte. Es spricht auch für die Qualität der Konstruktion und des Konzepts, dass es als einziges unter realen Bedingungen über Jahrzehnte Bestand hatte und hat, während die ehemals zwei Supermächte USA und UdSSR mit ihren Überschallprojekten nicht einmal aus den Startlöchern kamen.

Die erstaunlichste Erfahrung, die jeder macht, der die Concorde zum ersten Mal mit eigenen Augen sieht, ist die Erkenntnis, wie klein und zerbrechlich das Flugzeug wirkt. In einer Zeit, wo Jumbo Jets (übrigens ein Produkt desselben Zeitalters wie die Concorde) weltweit Alltag sind und die Ankunft der ersten Superjumbo-Doppeldecker vor der Tür steht, kommt dies umso mehr zur Geltung. Ein Flugzeug, das in seiner so einmaligen Form jedem allgegenwärtig ist, muss eigentlich auch in seinen tatsächlichen Dimensionen riesig sein, bildet man sich ein. Ich selbst bin der Concorde bereits sehr früh in der Realität begegnet – mit gerade mal zehn Jahren im April 1976 auf dem Hamburger Flughafen. Damals hatte eine große Zigarettenmarke das Flugzeug im Rahmen einer Werbetournee gechartert, Zehntausende kamen und staunten, ein Effekt, der bis heute in aller Welt zu beobachten ist, wenn eine Concorde landet. Aus meiner Begeisterung habe ich meinen Beruf gemacht und bin Luftfahrtjournalist geworden – der beste Weg, um an Bord der Concorde zu gelangen, wie sich zeigte. Zwischen 1993 und 2001 hatte ich sechsmal das große Vergnügen, in diesem Flugzeug im Rahmen meiner beruflichen Arbeit den Atlantik mit doppelter Schallgeschwindigkeit zu überqueren. Nach dem Absturz am 25. Juli 2000 konnte ich mit meinem dabei erworbenen Wissen in verschiedenen Medien einem breiten Publikum helfen, dieses so einmalige Flugzeug besser zu verstehen.

Dieses Buch will weniger detaillierte technische und historische Beschreibungen liefern, dafür gibt es andere kundige Werke. Sein Schwerpunkt ist aus meinem unmittelbaren Erleben dieser beeindruckenden Flugmaschine, der Menschen, die sie bedienen, und der vielfältigen Abläufe drumherum entstanden. Das Buch will Einblicke geben, die anderswo nicht nachzulesen sind, zum Beispiel in die bisher kaum beschriebene Rolle der Lufthansa beim Entwickeln von Überschallkonzepten und auch als potenzieller Concorde-Kunde. Lassen wir uns weiter von der Concorde faszinieren, solange dieses technische Wunderwerk aus dem vergangenen Jahrhundert noch in der Luft ist.

Andreas Spaeth
Hamburg
September 2002

Die Concorde – das eleganteste und schnellste Verkehrsflugzeug der Welt (AF)

Inhaltsverzeichnis

Mit der Concorde erfüllte sich der Wunsch, schneller als der Schall zu fliegen (AS)

1 Das Projekt Concorde

Flüge mit einer Geschwindigkeit, die schneller ist, als sich Schallwellen ausbreiten, gehören zu den lange gehegten Träumen der Luftfahrt. Während die schnellsten Flugzeuge des Zweiten Weltkriegs wie die deutsche Me-163 gerade an der 1000 km/h-Grenze kratzten, widmet sich die Forschung in Europa und den USA ab den späten 1940er Jahren intensiv dem Thema Überschallflug. Entdeckt und definiert hat die Schallgeschwindigkeit bereits der österreichische Professor Ernst Mach (1838–1916), nach ihm wird die Schallgeschwindigkeit Mach 1 genannt. Bei ihr handelt es sich um einen nicht konstanten Wert, bei einem Flugzeug ist damit ein Vergleich zwischen der Geschwindigkeit des Flugkörpers und der in der jeweiligen Umgebung gültigen Schallgeschwindigkeit gemeint. Schall breitet sich durch Druckwellen in der Luft aus: je wärmer die Luft, desto schneller die Ausbreitung. Neben der Temperatur ist die Schallgeschwindigkeit auch von der Luftdichte abhängig. Die Temperatur nimmt mit zunehmender Höhe ab und so ist es auch mit der Schallgeschwindigkeit. Auf Meereshöhe liegt sie etwa bei 1230 km/h, während es in der Stratosphäre lediglich 1070 km/h sind. Oberhalb der Tropopause (durchschnittlich zwischen ca. 11 000 und 12 100 Meter), die je nach Jahreszeit und geografischer Lage variieren kann, bleibt die Schallgeschwindigkeit auch bei steigender Höhe konstant. Mach 1 liegt hier bei etwa 1070 km/h, Mach 1,5 bei 1600 km/h und Mach 2 bei 2140 km/h.

Bei Schallgeschwindigkeit eines Körpers ändert die umgebende Luft ihr Verhalten und so ändert sich auch die Luftströmung um ein Flugzeug. Im Fluge stört ein Flugzeug die Luft um sich herum, die dabei kleine Druckmoleküle erzeugt, die sich bei Erreichen der Schallgeschwindigkeit ausdehnen. Je näher ein Flugzeug der Schallgrenze kommt, desto weniger Zeit haben die Moleküle, um dem Flugzeug aus dem Weg zu gehen – vergleichbar der Bugwelle eines Schiffs. Bei Unterschallgeschwindigkeit gibt es damit kein Problem, aber nahe an der Schallgeschwindigkeit bilden die Moleküle einen unsichtbaren Kegel, der sich bei Erreichen der Schallgeschwindigkeit in eine flache Schockwelle verwandelt. Diese wird auch „Schallmauer" genannt, die es tatsächlich natürlich nicht gibt und die nicht sichtbar ist. Oberhalb der Schallgrenze nehmen die Schockwellen wieder eine Kegelform an. Eine eigene Schockwelle entsteht am Heck eines Flugzeugs, wo sich die Luft wieder auf normale Druckverhältnisse ausdehnt. Der so genannte Überschallknall ist nur am Boden wahrzunehmen, ein Lärmteppich folgt dem mit Überschalltempo fliegenden Flugzeug. Gerade die so genannte transsonische Flugphase, der Übergang von Unterschall zu Überschall, bringt in der Beherrschbarkeit von Flugzeugen erhebliche Probleme mit sich, die so vorher nicht bekannt waren. Vor allem die Wirksamkeit der Ruder und damit die Steuerbarkeit erweisen sich als schwierige Hindernisse in der Entwicklung von Überschallflugzeugen, die hohe Risiken und immer wieder auch den Verlust von Flugzeugen und Testpiloten mit sich bringen.

Zunächst steht bei der Erforschung und dem Versuch der Beherrschung des Überschallflugs naturgemäß die militärische Nutzung im Vordergrund, Geschwindigkeit gilt zu dieser Zeit als das höchste Gut in der Konstruktion wirksamer Kampfflugzeuge. Der erste Mensch, der in einem Fluggerät die Schallgrenze durchbricht, ist der amerikanische Testpilot Charles „Chuck" Yeager. Am 14. Oktober 1947 erreicht er mit einem Bell-X1-Forschungsflugzeug über der kalifornischen Mojave-Wüste in 12 800 Meter Höhe Mach 1,06, was etwa 1080 km/h entspricht. Die mit einem Raketentriebwerk ausgestattete X1 ist zu diesem Zweck von einem Boeing B-29-Bomber in 6000 Meter Höhe ausgeklinkt worden, der das knapp zehn Meter lange Fluggerät in seinen Bombenschächten transportiert. Genau 14 Minuten dauert dieser luftfahrtgeschichtlich so bedeutsame Flug. Am 20. November 1953 dann erreicht eine Douglas D-558-II Skyrocket, die gemeinsam von der Vorgängeragentur der NASA und der US Navy betrieben wird, in 22 000 Meter Höhe Mach 2,05 (2066 km/h). Bereits 1954 steigt erstmals der Prototyp des Kampfflugzeugs Lockheed Starfighter auf, der doppelte Schallgeschwindigkeit erreichen kann.

Zu dieser Zeit aber gelten Jet-Triebwerke generell noch als zu spritdurstig für den Betrieb in zivilen Verkehrsflugzeugen, obwohl bereits ab 1952 mit der de Havilland Comet der erste Passagierjet bei der British Overseas Airways Corporation (BOAC – verschmilzt später mit British European Airways BEA zu British Airways) im Einsatz steht. Allerdings erleiden die

Briten einen erheblichen Rückschlag, als die Comet 1954 wegen struktureller Unzulänglichkeiten und einer Serie von Unfällen wieder aus dem Verkehr gezogen werden muss. Erst ab 1958 gehen sowohl die verbesserte Comet als auch die Boeing 707 in den Liniendienst, bereits 1956 hat mit der Tupolew 104 der Einsatz von Jets auf Inlandsflügen in der Sowjetunion begonnen. Das Jet-Zeitalter ist nun nicht mehr aufzuhalten. Doch vor allem die Briten wollen nach dem Schock mit der Comet, die sich kommerziell in Konkurrenz zu den US-Mustern Boeing 707 und DC-8 nie mehr erholt, zu neuen Ufern aufbrechen.

Bereits am 25. Februar 1954 findet im Royal Aircraft Establishment in Farnborough das erste Treffen namhafter Wissenschaftler statt, die ernsthaft über ein Verkehrsflugzeug mit Überschallgeschwindigkeit diskutieren. Sir George Edwards, Chef der Vickers-Flugzeugwerke, ist schon damals sicher, dass es eine „definitive Verbindung gibt zwischen Industrie, Bevölkerung und der Geschwindigkeit von Verkehrsmitteln". 1956 appelliert Edwards an die britische Industrie, alle geplanten Unterschalljets vorläufig aufzugeben und sich ganz dem Bau eines Überschallflugzeugs zu widmen. Die echte Geburtsstunde des späteren Concorde-Projekts schlägt am 5. November 1956, als das erste Treffen eines neu gegründeten Supersonic Transport Aircraft Committee (STAC) in Farnborough stattfindet. Dem STAC gehören alle maßgeblich an der englischen Luftfahrt beteiligten Organisationen an, Vertreter aller wesentlichen Flugzeug- und Triebwerkshersteller, Behörden und beider Fluggesellschaften BOAC und BEA. Zunächst sind zwei grundlegende Entwürfe vorgesehen – ein Flugzeug für 150 Passagiere und Mach 2 für Langstrecken mit einem schlanken Deltaflügel sowie eine Mittelstreckenvariante mit einem Flügel in ungewöhnlicher M-Form für maximal Mach 1,2 und 100 Fluggäste. Der Entwurf dazu entstammt der Feder des Deutschen Dietrich Küchemann, ehemals Designer bei Messerschmitt.

Erst im März 1959 verabschiedet das STAC nach zweijähriger Arbeit seinen Bericht, der dann jahrelang geheim gehalten wird. Ergebnis ist, dass die Regierung ermuntert wird, beide Projekte in Auftrag zu geben. Aus damaliger Sicht gilt dem Transatlantik-Flugzeug nur eine untergeordnete Priorität, da es viele komplexe technische Probleme aufwirft. Insgesamt aber gehen die STAC-Mitglieder von einem Markt für 120 bis 175 Flugzeuge aus, das Transportministerium sogar von bis zu 210 zu verkaufenden Exemplaren. Die Kosten allerdings, heißt es schon im STAC-Report, seien schwer zu kalkulieren. 1959 geht man

Bereits 1961 machte sich auch die Lufthansa Gedanken über ein künftiges Überschallflugzeug (LH)

Das Konzept der Boeing 2707 verfügt über Schwenkflügel, die im Reiseflug (oben) angelegt sind und zur Landung ausgefahren werden (Boeing)

von 125–175 Millionen britischen Pfund oder nach damaligem Kurs rund 375 Millionen Dollar für beide Modelle aus – etwa ein Zehntel der später tatsächlich entstehenden Kosten. Die Haltung scheint aber „Augen zu und durch" zu sein. Das wichtigste Ziel ist es, Großbritannien wieder zu industrieller Führerschaft in der Luftfahrtindustrie zu bringen.

In Frankreich beginnt das ernsthafte Nachdenken über ein ziviles Überschallflugzeug Anfang 1957, als die Regierung im Namen von Air France eine Ausschreibung ansetzt für einen Entwurf mittlerer Reichweite, der 60–70 Passagiere über 3500 Kilometer transportieren soll. Air France ist vor allem daran gelegen, an den Erfolg mit der Caravelle anzuknüpfen, geht aber unrealistischerweise davon aus, auch ein Überschallflugzeug mit vergleichbaren Betriebskosten betreiben zu können. Die drei Hersteller Nord Aviation, Sud Aviation und Marcel Dassault gehen sogleich daran, Entwürfe zu erarbeiten. Anfang 1960 legen Sud Aviation und Dassault ihre Aktivitäten zusammen, während Nord Aviation aus der Konkurrenz ausscheidet. Schon Mitte 1961 ist erkennbar, dass die Untersuchungen auf beiden Seiten des Ärmelkanals zu beinahe identischen Schlussfolgerungen für ein Überschallverkehrsflugzeug gekommen sind. Außerdem ist unbestreitbar, dass ein einziges Land kaum in der Lage sein wird, ein Projekt von solcher Tragweite allein anzugehen. Als mögliche Partner erscheinen auch Deutschland und die USA, doch die deutsche Industrie ist noch nicht in der Lage und interessiert, sich einer solchen Herausforderung zu stellen, während die USA bereits beginnen, eigene Entwürfe zu entwickeln.

Als im Mai 1961 auf dem Aérosalon in Paris-Le Bourget ein Modell der Super Caravelle erscheint, dem französischen Überschall-Entwurf, wird offensichtlich, wie nahe dieses

Konzept der britischen Studie Bristol 223 liegt. Noch allerdings gibt es einen wesentlichen Unterschied zwischen beiden Seiten, der weiter zu hitzigen Diskussionen führt: Die Engländer erklären, wirtschaftlich lohnend sei nur eine Transatlantik-Version, während die Franzosen auch auf einer Mittelstrecken-Variante bestehen. Im Januar 1962 einigen sich Engländer und Franzosen, dass beide Ideen weiter verfolgt werden. Die auf dem Tisch liegenden Entwürfe sind weitgehend identisch, sowohl in der Größe als auch in der Form und mit jeweils vier Olympus 593-Turbojet-Triebwerken. Als einzigen Unterschied weisen sie je nach Version unterschiedliche Treibstofftanks auf. Inzwischen verhandeln beide Regierungen über ein gemeinsames Programm und die Aufteilung im Verhältnis 50:50, am 29. November 1962 schließlich ist es soweit: In London unterzeichnen der britische Luftfahrtminister Julian Amery und der französische Botschafter Geoffroy de Courcel eine sieben Artikel umfassende Vereinbarung über die Zusammenarbeit beider Länder beim Bau eines Überschallverkehrsflugzeugs. In der Vereinbarung werden die Grundsätze der Zusammenarbeit definiert und die gleichmäßige Aufteilung aller in Entwicklung und Produktion entstehenden Kosten sowie möglicher späterer Einnahmen. Festgelegt wird auch, dass sowohl die Mittel- als auch die Langstreckenversion entwickelt werden und eine gemeinsame Organisation für Flugzeug- und Triebwerkshersteller geschaffen wird.

Großbritannien hofft darauf, dass die Vereinbarung auch den Weg des Landes in die Europäische Wirtschaftsgemeinschaft EWG ebnet, doch am 13. Januar 1963 scheitert dies am Veto des französischen Präsidenten Charles de Gaulle, der gleichzeitig aber betont: „Nichts aber wird ein enges Verhältnis und direkte Kooperation verhindern, wie beide Länder bereits bewiesen haben, als sie entschieden, gemeinsam das Überschallflugzeug Concorde zu bauen." Zu diesem Zeitpunkt taucht erstmals der Name Concorde, zu deutsch Eintracht, öffentlich auf, der ursprünglich von dem zehnjährigen Sohn eines BAC-Mitarbeiters stammt. Die Briten allerdings beharren zunächst auf der Schreibweise Concord ohne „e", und es dauert bis Dezember 1967, bis der Name Concorde mit „e" endlich von beiden Seiten akzeptiert wird. Der Beginn der formellen Zusammenarbeit ist nicht einfach – die Organisation und Abstimmung zwischen zwei Management-Teams in verschiedenen Ländern, deren Vorsitz jährlich gewechselt wird, bremst den Entscheidungsprozess. Auch zwischen den einzelnen beteiligten Firmen herrscht vielfach Konkurrenzdenken.

Bereits 1964 gerät das gesamte Projekt in Gefahr, als die neue britische Labour-Regierung aussteigen will. Allerdings muss sie bald feststellen, dass dies nach dem im November 1962 geschlossenen Vertrag praktisch kaum möglich ist, ohne erhebliche Strafen zu zahlen. Schließlich raufen sich aber doch alle Beteiligten zusammen, und von den damals gewonnenen Erfahrungen und Strukturen profitiert die europäische Luftfahrtindustrie mit ihrer erfolgreichen Airbus-Zusammenarbeit heute noch. Frankreich übernimmt an der Concorde 60 Prozent der Arbeiten an Rumpf, Tragflächen und Struktur, während die Briten die Führung bei der Triebwerksentwicklung übertragen bekommen. Im englischen Weybridge entstehen aber auch der hintere Rumpfteil mit Leitwerk und Rudern sowie die Frontsektion mit der abklappbaren Nase, während sich französische Firmen etwa um das Fahrwerk, die Hydraulik, die Cockpitinstrumente oder die Klimaanlage kümmern. Prinzipiell werden keine Arbeiten doppelt vergeben mit Ausnahme der Endmontage, die parallel in Toulouse und Filton stattfinden soll.

Man geht jetzt davon aus, dass die beiden geplanten Versionen gleich groß ausfallen werden und für jeweils 100 Passagiere und Mach 2,2 ausgelegt sind, lediglich die Reichweite zwischen 4400 Kilometer für die Mittelstreckenvariante und 6000 Kilometer für die Transatlantik-Version sind unterschiedlich. Außerdem soll die Mittelstrecken-Concorde über eine eingebaute Treppe unter dem Rumpf und über eine Luftbremse verfügen, während für die Langstreckenausgabe über ein „begrenztes Nachbrenner-System" nachgedacht wird. Beide Modelle werden nach damaligem Stand den Piloten im Reiseflug keine direkte Sicht nach vorn erlauben – dieses Vorhaben müssen die Ingenieure später revidieren.

Unterdessen ist in den USA das Streben nach der Vormachtstellung im entstehenden Kampf der Kontinente um die Einführung von Überschall-Verkehrsflugzeugen in vollem Gange. Die Vorstellung, dass Großbritannien, Frankreich oder gar die Sowjetunion hier die Führung übernehmen könnten, ist für die Supermacht nicht hinnehmbar. Am 5. Juni 1963 verkündet Präsident John F. Kennedy, dass das Land ein Super-Sonic-Transport (SST)-Konzept entwickeln werde. Boeing, Lockheed und North American sind die drei Firmen, die Entwürfe vorlegen. Boeing gewinnt die Konkurrenz mit der Boeing 2707, die sich vom Concorde-Entwurf vor allem durch ihre Größe (bis zu 277 Passagiere bei 93 Meter Länge) unterscheidet, aber auch durch die geplanten Schwenkflügel. Dieses komplizierte und teure System ist neben der Kostenexplosion einer der wesentlichen Gründe, dass der US-Kongress im März 1971 das Projekt streicht – eine schmerzliche Niederlage der Amerikaner, die die Concorde noch zu spüren bekommen wird.

Die Briten sind von Anfang an für die Realisierung des ehrgeizigen Projekts (AS)

Concorde 204 G-BBDG wird ausgiebig für das Route Proving genutzt (SZ = Sammlung Ziegowski)

Der tägliche BA-Morgenflug nach New York verlässt London-Heathrow, hier im Juni 1991 (AS)

großen Anstellwinkelbereich der Maschine stabile Strömungsverhältnisse ergeben. So wird erstmals für ein ziviles Flugzeug die abgelöste Strömung als normaler Flugzustand eingeplant. Auch herrschte die Befürchtung, dass die Concorde bei Start und Landung einen extrem hohen Anstellwinkel benötigen würde, um genügend Auftrieb zu erzeugen. Anders als gewöhnliche Flugzeuge weist die Concorde auch keine auftriebsverstärkenden Höhenruder auf, zur Höhen- und Quersteuerung dienen so genannte Elevons an der hinteren Flügelkante. Doch die Sorge erwies sich als unbegründet. Es zeigte sich vielmehr, dass durch die Vorderkantenwirbel ein Zusatzauftrieb erzeugt wird und außerdem in direkter Bodennähe ein günstiger Bodeneffekt den Auftrieb verstärkt. Die Concorde benötigt zwar auch aus aerodynamischen Gründen eine erheblich höhere Start- und Landegeschwindigkeit (ca. 300 bzw. 400 km/h) als konventionelle Flugzeuge, kommt aber dafür mit einem akzeptablen Anstellwinkel von 12 bis 14 Grad aus – was allerdings immer noch wesentlich höher ist als bei Unterschalljets. Die hohen Geschwindigkeiten am Boden aber zeigen, dass sich die Concorde im technologischen Grenzbereich bewegt. 400 km/h Startgeschwindigkeit, begrenzt durch die maximal mögliche Reifenbelastung, ist bei normalen Startbahnlängen nur mit sehr hohem Triebwerksschub zu erreichen. Die Beschleunigung ist doppelt so hoch wie bei anderen Verkehrsflugzeugen, der Schub muss 37 Prozent des Abfluggewichts erreichen, sonst sind es nur 25 Prozent. Die Landungen mit 300 km/h führend dazu, dass nach weniger als 30 Landungen die Reifen ausgetauscht werden müssen, ein Jumbo Jet dagegen setzt mit 255 km/h auf und kann seine Reifen bis zu 200-mal nutzen.

Das große Geschwindigkeitsspektrum der Concorde in der Luft zieht ein damals ungekanntes technisches Problem nach sich: Durch die Veränderung von Unterschall- zu Überschallgeschwindigkeit verlagert sich der Schwerpunkt erheblich, das heißt das aerodynamische Zentrum des Flugzeugs, an dem die Luftkraft angreift, bleibt nicht konstant am

Zwei der vier effizienten Olympus-593-Triebwerke (AS)

selben Punkt. Während beim Start die Auftriebskraft etwa in 54 Prozent der Flügeltiefe am Rumpf angreift, ist sie beim Flug mit Mach 1 um 20 Prozent der Flügeltiefe nach hinten verschoben und greift bei Mach 2 schließlich in etwa 62 Prozent der Flügeltiefe an. Daher muss das Flugzeug umgetrimmt werden, um kein Kippmoment entstehen zu lassen. Eine gewöhnliche aerodynamische Trimmung wie bei herkömmlichen Flugzeugen hätte wegen der recht großen Kräfteverschiebungen einen kaum zu vertretenden hohen Trimmwiderstand zur Folge. Bei der Concorde wird das Problem gelöst durch ein Umpumpen des Treibstoffs zwischen den Haupt- und Trimmtanks in den Tragflächen sowie einem Trimmtank im Heck des Flugzeugs. Beim Start etwa liegt der Schwerpunkt bei 54 Prozent der Flügeltiefe – ein nur um ein Prozent oder 30 Zentimeter weiter vorn liegender Schwerpunkt hätte bereits den Zwang zur extremen Reduzierung der Abflugmasse zur Folge, 40 Passagiere müssten am Boden bleiben. Beim Beschleunigen zum Überschallflug wird Kerosin vom Haupttank in den hinteren Flügel- sowie den Hecktrimmtank umgepumpt, der Schwerpunkt damit um fast fünf Prozent verschoben. Zum Ende des Reiseflugs wird der Tank im Heck dann vollständig geleert und der verbleibende Sprit in die Tragflächen gepumpt. Um den zur Landung nötigen Anstellwinkel zu erreichen, wird schließlich der restliche Treibstoff vollständig in den hinteren Flügelbereich verlagert. Das Prinzip der Tanktrimmung ist, wie viele andere Innovationen der Concorde auch, bis heute im modernen Flugzeugbau gebräuchlich, als eines der ersten Modelle erhielt der Airbus A310 einen Trimmtank im Rumpfheck.

Die beste Aerodynamik wäre wirkungslos, wenn sie nicht mit effizient arbeitenden Triebwerken gekoppelt wäre. Für die Concorde wird bereits 1964 der Olympus-593-Motor ausgesucht, eine Weiterentwicklung eines für den Avro-Vulcan-Mk1-Bomber entwickelten Triebwerks. Dies hatte eigentlich in dem geplanten Überschall-Kampfflugzeug TSR-2 Verwendung finden sollen, das dann zugunsten der Concorde aus finanziellen Gründen gestoppt wurde. Die vier Olympus 593-Triebwerke erzeugen 69,04 Tonnen Startschub, im Überschallflug reichen dann 12,32 Tonnen. Entsprechend den durch das große Geschwindigkeitsspektrum sehr breit gefächerten Anforderungen an ein Concorde-Triebwerk handelt es sich bei dem Olympus 593 um ein ganzes System, das neben dem eigentlichen Motor noch aus einem regulierbaren Lufteinlauf, dem Nachbrenner sowie Schubdüsen mit variablen geometrischen Formen am Auslass besteht. Der 3,35 Meter lange Triebwerkseinlauf muss während des Überschallflugs die dem Triebwerk zuströmende Luft von Mach 2 auf Mach 0,5 verzögern, und das ohne allzu große Strömungsverluste. Eine computergesteuerte keilförmige Einlauflippe und eine bewegliche Rampe erzeugen ein System von Stoßwellen, durch das eine Reduktion der Geschwindigkeit eintritt. Dabei wird die Luft bereits vor Erreichen des Triebwerks verdichtet und auf 200 Grad Celsius erwärmt. Während des Starts dagegen sind die Rampen voll nach oben gezogen und die Klappen öffnen sich automatisch, um eine maximale Luftzufuhr zu ermöglichen. Wenn beim Start maximaler Schub nötig ist, liefern diesen die Triebwerke selbst nur zu 82 Prozent, wobei die Einläufe einen Anteil von 21 Prozent und die Schubdüsen sechs Prozent beisteuern, der Rest ergibt sich aus dem Einlaufwiderstand. Im Reiseflug kommen nur acht Prozent des Schubs aus dem Triebwerk, während aus den Einläufen 75 Prozent generiert werden.

Innovativ im zivilen Flugzeugbau, wenn auch sehr Treibstoff schluckend, sind die Nachbrenner. Hierbei wird in einer zweiten Brennkammer zusätzlich Kerosin in den heißen, aus dem Triebwerk austretenden Luftstrahl eingespritzt und gezündet – in dieser Phase scheinen die Concorde-Triebwerke von hinten betrachtet Flammen zu spucken. Dieses System wird sonst nur in Militärflugzeugen verwendet, dort allerdings zu einer wesentlich größeren Kraftreserve genutzt: Das Einschalten des Nachbrenners steigert die Schubkraft eines Kampfjets kurzfristig um etwa 50 Prozent, während es bei der Concorde zunächst nur neun Prozent sind, die später auf 20 Prozent Zusatzleistung beim Start und 30 Prozent im transsonischen Bereich gesteigert werden. Die Aktivierung der Nach-

Die regulierbaren Schubdüsen am Triebwerksauslass (AS)

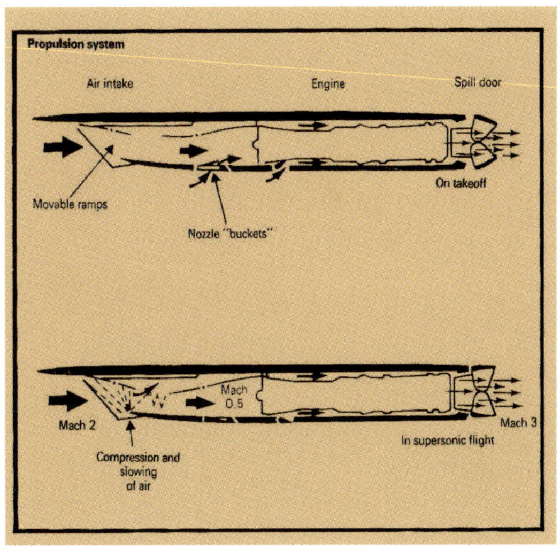

Das Rampensystem (AF)

brenner führt zu erheblicher Verbrauchssteigerung – für die ersten neun Prozent einer Atlantiküberquerung werden 20 Prozent des vorhandenen Kerosins benötigt. Die äußerlich an einer oberen und einer unteren muschelförmigen Schale erkennbaren Schubdüsen an jedem der vier Triebwerke sind beim Start leicht geschlossen, was den Lärm dämmt und die Leistung erhöht. Bei höheren Geschwindigkeiten öffnen sie sich zunehmend, während sie bei der Landung vollständig geschlossen werden, um durch Umkehrschub beim Abbremsen zu helfen. Die beiden inneren Schalenhälften können auch in der Luft geschlossen werden, um die Sinkrate zu erhöhen.

Die Concorde weist in ihrer Steuerung eine Neuheit auf, die heute bei den meisten modernen Verkehrsflugzeugen selbstverständlich geworden ist, etwa bei der Airbus A-320- sowie A-330-/A-340-Familie oder der Boeing 777: Fly by Wire, die Steuerung der wichtigsten Ruder und Klappen durch Hydraulikmotoren, die durch einen elektrischen Impuls ausgelöst werden und nicht mehr durch ein mechanisches System von Seilzügen. Bei der Concorde sendet die Bewegung an der Steuersäule des Piloten erstmals ein elektrisches Signal an die Hydraulik, aber man ist vorsichtig genug, auch noch als Reserve ein mechanisches System vorzuhalten. Hydraulisch bewegt wird auch das Fahrwerk, jenes mit den längsten „Beinen" der zivilen Luftfahrt. Grund für die Ausmaße des Fahrwerks ist die Tragflächenform, die wiederum dafür sorgt, dass die äußeren Enden der weit hinten angebrachten Triebwerke durch den hohen Anstellwinkel bei der Landung der Piste sehr nahe kommen. Um zu verhindern, dass sie aufsetzen, muss das Hauptfahrwerk entsprechend hochbeinig sein. Als letzten Schutzmechanismus verfügt die Concorde auch noch über ein kleines Paar von Heckrädern, das nur bei zu steilem Anflug aufsetzt. Ein Problem allerdings stellen die langen Fahrwerksbeine nach dem Einfahren dar – sie würden sehr viel Platz wegnehmen. Daher hat man einen einmaligen Mechanismus eingebaut: Beim Einfahren werden die Beine durch eine Mechanik innerhalb der Stoßdämpfer verkürzt. Durch die hohen Start- und Landegeschwindigkeiten braucht die Concorde auch sehr effiziente Bremssysteme. Sie arbeitet mit Karbonbremsen und einem Antiblockiersystem, wie es seitdem in anderen Flugzeugen und vielen Autos Standard geworden ist. Jedes Rad hat darüber hinaus einen eigenen Kühlmechanismus – bei einem Startabbruch erhitzen sich die Felgen auf bis zu 500 Grad Celsius, schon normale Landungen treiben ihre Temperatur auf 300 Grad hoch.

Die Nase in Maximalstellung (AF-SZ)

Beim Rollen ist das Visier heruntergeklappt und die Nase auf 5-Grad-Stellung (AS)

Eine der sichtbarsten Besonderheiten der Concorde ist ihre absenkbare Nase und das getrennt davon in die Nase einziehbare Visier vor den eigentlichen Cockpitscheiben. Ohne diese Methode wäre die Bodensicht für die Piloten bei Start und Landung extrem beschränkt – beim Anflug etwa auf einen Blickwinkel von nur fünf Grad. Die Nase, die für den Überschallflug stromlinienförmig sein muss, kann unterhalb von etwa 460 km/h in vier verschiedene Positionen gebracht werden, drei davon sind auf jedem Flug Standardprozedur – lediglich die Möglichkeit nur das Visier abzusenken wird selten genutzt. Für den Start und vor dem Endanflug wird die Nase um fünf Grad gesenkt und das Visier eingezogen, die Piloten haben jetzt einen Blickwinkel von etwa zehn Grad nach unten. Sobald das Fahrwerk ausgefahren wird, senken die Piloten kurz vor der Landung die Nase auf die Maximalposition von 12,5 Grad ab, was der Concorde von außen ihre vogelgleiche Gestalt verleiht. Anfangs begannen die Konstrukteure sogar mit einer Absenkung von 17,5 Grad, doch das schätzten die Piloten nicht – ihnen fehlte jede räumliche Referenz beim Blick aus den Cockpitscheiben. „Das wirkte wie ein Blick in den Abgrund", erinnert sich Testpilot Brian Trubshaw, „die 12,5 Grad sind dagegen eine gute Sache, weil durch sie auch noch die Richtungsstabilität des Flugzeugs erhöht wird." Der Widerstand verstärkt sich durch das Absenken nicht wesentlich, allerdings steigt schon beim Absenken des Visiers der Lärmpegel im Cockpit derart, dass die Crew deswegen in diesen Phasen auch zur Verständigung untereinander immer Kopfhörer trägt. Die Cockpitscheiben selbst finden inzwischen auch Anwendung in anderen Flugzeugen sowie in Hochgeschwindigkeitslokomotiven. Die Passagiere hingegen müssen mit kaum handgroßen Fenstern auskommen, die eher Gucklöchern ähneln. Die Prototypen verfügen noch über konventionelle Fenstergrößen, doch die Zulassungsbehörden sind dagegen. Die Gefahr eines Druckabfalls durch berstende Fenster in fast 20 000 Meter Höhe scheint zu groß – in der Kabine herrscht ein maximaler Druck entsprechend einer Höhe 3600 Metern.

Ein komplizierter Mechanismus zieht das Visier in die Nase (AS)

AIR FRANCE

Concorde de Air France
mit abgesenkter Nase (AS)

3 Testphase

Alle technischen Verbesserungen für die Serienversion der Concorde sind Ergebnis der längsten Testphase in der Geschichte der zivilen Luftfahrt. Sie dauert insgesamt von Dezember 1967, als der erste französische Prototyp 001 F-WTSS fertig gestellt ist, bis Ende 1975, als die Concorde ihre behördliche Zulassung für den Passagierbetrieb erhält und die ersten Flugzeuge an Air France und BA ausgeliefert werden. Insgesamt umfasst das Erprobungsprogramm acht Flugzeuge (zwei Prototypen, zwei Vorserienflugzeuge sowie vier Serienmaschinen), die zusammen 5536 Flugstunden absolvieren – dreimal so viele wie bei der Erprobung der ebenfalls revolutionären Boeing 747 nötig sind. Etwa 2000 Flugstunden werden mit Überschallgeschwindigkeit geflogen, während die Triebwerke von 52000 Be-

Der französische Concorde-Prototyp 201 ist seit 1985 in Toulouse abgestellt (SZ)

triebsstunden im Testprogramm die Hälfte der Zeit im Flug erprobt werden. Auch dieses extrem aufwändige Programm trägt zu den 2,8 Milliarden Dollar Entwicklungskosten bei. Erschwerend kommt hinzu, dass viele Testeinrichtungen aus politischen Gründen in beiden Herstellerländern aufgebaut werden. „In der heutigen Welt hätte man etwa alle Erprobungsflüge in Toulouse abgehalten, aber so weit in der Zusammenarbeit waren wir damals noch nicht", erinnert sich Testpilot Brian Trubshaw, der Ende 1965 zum Concorde-Programm stößt. Schon damals geben sich die Franzosen sehr viel kompromissloser und errichten in Toulouse großzügige Anlagen und Fabrikhallen, von denen später Airbus Industrie profitiert, die heute in genau diesen Hallen ihre erfolgreiche Produktion konzentriert hat.

Das Jahr 1968 vergeht mit Tests und Vorbereitungen, im September ist in England der zweite Prototyp 002 G-BSST fertig und beginnt mit Motortests am Boden. Die Dinge ziehen sich hin und sind für die Ingenieure oft frustrierend langwierig. Dieses Gefühl verstärkt sich, als am 31. Dezember 1968 die sowjetische Konkurrenz-Konstruktion Tu-144 zum Erstflug abhebt, während die Concorde noch Monate davon entfernt ist. Fast genau vier Jahre, nachdem die ersten Metallsegmente für den Rumpf gefertigt wurden, ist sie dann am 1. März 1969 bereit zum Erstflug, kann aber wegen Nebels erst am 2. März abheben. Der französische Chef-Testpilot André Turcat absolviert in 42 Minuten den ersten Concorde-Flug, beschleunigt das Flugzeug auf lediglich 463 km/h und erreicht die maximale Höhe von 3050 Metern. Während des Fluges verbleibt die Nase in der Startposition, das

Vor den Testflügen sind intensive Erprobungen am Boden zu absolvieren (SZ)

Fahrwerk allerdings wird eingezogen. Das Abbremsen nach der Landung erfolgt mit Hilfe eines Bremsfallschirms, der nur in den Prototypen eingebaut ist. Turcat ist zufrieden: „Das Flugzeug fliegt sich besser, als wir aus dem Simulator erwartet hatten." Am 9. April 1969 sind auch die Engländer soweit, Prototyp 002 G-BSST hebt in Filton vor den Augen der Weltpresse und großer Zuschauermassen zum ebenfalls 42 Minuten dauernden britischen Erstflug ab, alle fast 12 000 Mitarbeiter von BAC und Rolls Royce sind versammelt. Der Flug unter dem Kommando von Brian Trubshaw landet in Fairford, 80 Kilometer nordöstlich, wo die Briten wegen der längeren Bahn ihre Testflüge abhalten. Auf dem Aérosalon in Paris-Le Bourget haben beide Testflugzeuge im Juni 1969 ihren ersten großen öffentlichen Auftritt.

Am 1. Oktober 1970 erreicht der Prototyp 001 auf seinem 45. Flug erstmals für neun Minuten Mach 2 in einer Höhe von 10 970 Metern. Die Ehre, erstmals Mach 2 zu überschreiten, gebührt daher den Briten, die dies am 4. No-

Viele Testflüge finden mit Flugzeugen statt, die schon in den damaligen Farben der späteren Abnehmer British Airways ... (SZ)

… und Air France bemalt sind (AF)

vember 1970 vollbringen wollen. Doch eine Feuerwarnung in Triebwerk Nr. 2 zwingt sie bei Mach 1,35 zur Rückkehr, während die Franzosen dann am selben Tag diesen Meilenstein erreichen und wiederum mit der 001 die Mach-2-Grenze für 53 Minuten in 15 300 Meter Höhe überschreiten. Die ersten vier Concordes sind reine Testvehikel, die bis zu zwölf Tonnen Testinstrumente in ihrer Kabine mitschleppen und in der Lage sind, damit bis zu 3000 Parameter aufzuzeichnen. Die zwei ersten Flugzeuge erinnern nur von weitem an spätere Serienmodelle, wegen unzureichender Zuladung und Reichweite können sie nicht sinnvoll über dem Nordatlantik eingesetzt werden. Die zwei darauf folgenden Vorserienexemplare F-WTSA und G-AXDN weisen dann einen um jeweils 1,98 Meter verlängerten Rumpf auf, das Druckschott am Kabinenende wird um 4,78 Meter nach hinten verlegt. Damit lässt sich die Zuladung um zwei Tonnen auf 12,7 Tonnen steigern, die maximale Passagierkapazität der Vorserienexemplare liegt bei 139 Personen bei einem Sitzabstand von 34 Inch (86 cm). Für die vielen Testflüge ist eine Strecke nötig, auf der die Bevölkerung geringstmöglich belästigt wird – dafür wird über Wasser die so genannte „Boom Alley“ eingerichtet. Sie führt von der Irischen See an der britischen Westküste vorbei in die Bucht von Biskaya, außerdem gibt es eine Route über der Nordsee von Nordschottland nach East Anglia. Für einige Überschallflüge ist eine fast 1300 Kilometer lange, gerade Strecke erforderlich, die unter vollständiger Radarüberwachung steht und von Rettungskräften leicht erreicht werden kann. Für diese Aufgabe wählt man eine Nord-Süd-Route entlang der Westküsten von Schottland und Wales bis nach Cornwall.

Als Resultat der Tests werden ständig Erweiterungen und Verbesserungen vorgenommen – etwa am Autopiloten, den Flügelvorderkanten oder den Triebwerken. Zu einem besonderen Zusammentreffen kommt es auf der Internationalen Luftfahrtausstellung ILA in Hannover im Mai 1972: Concorde 002 führt hier erstmals Flüge fernab ihrer eigentlichen Basis durch, vor allem aber ist in Hannover auch die Tupolew 144 zu Gast. „Die Ankunft des Tu-144-Prototyps kurz vor der Concorde sorgte für große Unruhe, denn die Tupolew setzte bei der Landung mit allen ihren Schubdüsen auf und kratzte sie über die Landebahn. Die Organisatoren der ILA waren so erschreckt, dass zunächst keine der beiden Überschalljets zu Demonstrationsflügen starten durfte", erinnert sich Brian Trubshaw. „Die Bahnlänge in Hannover war etwas zu kurz für Prototypen, aber die Concorde hatte kein Problem, in der verfügbaren Distanz zum Stehen zu kommen". Natürlich sind die Testcrews vor allem am jeweiligen Konkurrenzmodell interessiert. „Der russische Copilot sprach sehr gutes Englisch mit amerikanischem Akzent, leider kam er 1973 beim Absturz der Tu-144 in Paris ums Leben", so Trubshaw. „Wir verstanden uns alle sehr gut, aber wir fanden, dass die Tu-144 Aspekte eines modernen Zivilflugzeugs mit einem Bomber aus dem Zweiten Weltkrieg kombinierte." Bereits im Juni 1972 geht 002 auf eine ausgedehnte Tournee in den Mittleren und Fernen Osten, nach Japan und Australien. In Teheran besteigt der Schah von Persien die Concorde zu einem Mitflug, der ungeahnt unruhig verläuft, weil der Autopilot durch eine Temperaturveränderung in der Luft plötzlich zu einem steilen Steig-, dann zu einem Sturzflug ansetzt. „Der Schah war aber trotzdem sehr angetan und deutete an, dass Iran Air drei Maschinen bestellen werde", so Brian Trubshaw. Solche Demonstrationstourneen sind Alltag im Testprogramm, der erste Überseeflug hatte bereits am 25. Mai 1971 stattgefunden, als 001 auf ihrem 142. Flug in Dakar landete.

Im Dezember 1973 hebt die erste Serienmaschine F-WTSB in Toulouse ab und erreicht gleich auf dem Premierenflug Mach 1,57. „Das zeigte, dass die Flugtests der Concorde zu dieser Zeit schon sehr ausgereift waren", erinnert sich Concorde-Veteran Brian Calvert. Die Serienmaschinen sind wieder kürzer als die Vorserienexemplare, weisen ein vollverglastes Visier und einen längeren Heckkonus auf, der die Aerodynamik verbessert. Im August 1974 fliegt die zweite Serienmaschine 202 G-BBDG an den Persischen Golf und nach Singapur. „Wir flogen die Straße von Malakka entlang und landeten in Singapur am Ende eines beinahe enttäuschend kurzen Fluges", erinnert sich Brian Calvert, auf diesem Flug Copilot. Schon früh im Testprogramm zeigt die Concorde auf ihren Überseeflügen einen hohen Grad an Zuverlässigkeit, einer der britischen Prototypen absolviert seine einmonatige Asientour exakt zu den vorausgeplanten Abflug- und Ankunftsdaten. Während der gesamten Testphase gibt es keine ernsthaften Zwischenfälle.

Ein wichtiger Teil der letzten Testphase sind die so genannten Route-Proving-Flüge, die gemeinsam von den Herstellern mit den beiden Airlines abgewickelt werden. Aérospatiale und Air France fliegen die komplett ausgestattete Concorde 203 F-WTSC voller „Passagiere" (Angestellte beider Firmen) und vollem Bordservice auf den geplanten Nord- und Südamerikarouten, während BAC und BA dasselbe mit der Concorde 204 G-BOAC auf den Nordatlantik-, Nahost- und Asienrouten machen. Zu diesem Zweck hat G-BOAC bereits am 30. Juni 1975 ein vorläufiges Lufttüchtigkeitszeugnis erhalten, das es ihr erlaubt, nichtzahlende Passagiere zu befördern. Die Olympus-Triebwerke erhalten am 25. September 1975 ihre Zulassung, am 9. Oktober 1975 schließlich verleihen die französischen Behörden in Paris der Concorde mit dem Certificat de Navigabilité ihre endgültige Musterzulassung, die Briten folgen mit ihrem Aircraft Type Certificate erst am 5. Dezember 1975. Der unterschiedliche Zeitpunkt resultiert aus zusätzlichen Überprüfungen von Modifikationen am Autopiloten, die nach den Erfahrungen während des Route-Provings vorgenommen werden. Vom aufwändigsten Testprogramm der zivilen Luftfahrtgeschichte entfallen 37 Prozent der Flugstunden auf die Entwicklungsarbeiten, 18 Prozent auf die Zertifizierung und 17 Prozent auf die Route-Proving- und Dauerflugtests. Die verbleibenden 28 Prozent sind Demonstrations-, Überführungs- und Trainingsflüge.

Jetzt kann die Concorde sich selbst im Liniendienst beweisen, auch wenn klar ist, dass sie ihre Entwicklungskosten von 1,14 Milliarden britischen Pfund (ca. 2,8 Mrd. Euro nach damaligem Umrechnungskurs) nie wieder einfliegen wird und der Steuerzahler in England und Frankreich die Rechnung tragen muss. Da haben es die Amerikaner allerdings wesentlich schlechter – ihre Steuerbürger müssen Kosten in Höhe von 1,035 Mrd. Dollar (ca. 1,04 Mrd Euro) tragen für die Entwicklung des Boeing-SST-Projekts, aus dem nach dem Abbruch des Projekts 1971 nie mehr als ein 1:1-Holzmodell geworden ist. Dieser Ausfall der Konkurrenz ist in Europa nicht willkommen, denn so muss die Concorde allein alle Kämpfe an den Fronten der Politik und des Umweltschutzes führen. Dass die Sowjets am 26. Dezember 1975 ebenfalls ein Route-Proving auf der Strecke Moskau – Alma Ata mit der Tupolew 144 aufnehmen und sie am 1. November 1977 offiziell in Dienst stellen ist da eher eine Fußnote der Luftfahrtgeschichte.

Air France nutzt ihre alten Farben nur im Testbetrieb, die im Linienbetrieb eingesetzten Flugzeuge tragen die neue Bemalung (SZ)

LUFTH

Modell einer Vorversion der Lufthansa-Concorde (SZ)

4 Lufthansa und Überschallflug

Intensiver und früher als viele andere Fluggesellschaften hat sich die Deutsche Lufthansa mit Konzeption, Sinn oder Unsinn des Projekts eines Überschallverkehrsflugzeugs beschäftigt. Besonders hervorgetan hat sich dabei der damals für Technik zuständige Vorstand Dipl. Ing. Gerhard Höltje, der bereits lange vor dem formellen Start des Projekts Concorde, ein eigenes Konzept für einen zivilen Überschalljet vorlegt. Auf einer Pressekonferenz im Oktober 1961 präsentiert er ein etwas verwegen aussehendes Modell eines hypothetischen Flugzeugs, das kurze spitze Deltaflügel aufweist, ein spitzes Rumpfheck sowie so genannte Entenflügel als Höhenruder direkt hinter den Cockpitfenstern. In den Dimensionen allerdings ist es der späteren Concorde nicht gänzlich unähnlich: Die geplante Länge beträgt 62 Meter, die Spannweite 30 Meter und das maximale Startgewicht 180 Tonnen. Äußerlich ist sie sehr nahe am späteren Design

Im Oktober 1961 präsentiert Lufthansa-Vorstand Gerhard Höltje ein Modell eines Überschallflugzeugs (LH)

des britisch-französischen Projekts. Das Flugzeug nach den Vorstellungen der Lufthansa-Ingenieure verfügt über vier Mantelstromtriebwerke mit Nachbrennern, soll damit bei einer Kapazität von 140 Passagieren in zwei Klassen allerdings eine Reisegeschwindigkeit von Mach 3 erreichen – bei geringerem Treibstoffverbrauch als die spätere Concorde.

Hieran zeigt sich das Theoretische dieses Entwurfs, wenn er auch in vielen Parametern dem später realen Flugzeug schon erstaunlich nahe kommt. „Über die Auslegung besteht noch keineswegs Einigkeit", heißt es denn auch bei der Lufthansa. Schon damals erkennen die deutschen Ingenieure, „dass jedenfalls beim augenblicklichen Stand der Dinge Prestige-Gesichtspunkte bei der Entwicklung eines solchen Fluggeräts eine nicht unerhebliche Rolle spielen." Gerhard Höltje geht davon aus, dass eine Flugerprobung nicht vor 1968 beginnen werde und ein kommerzieller Einsatz nicht vor 1970 möglich sei. Zu dieser Zeit ist der Flug mit über 100 Passagieren bei doppelter Schallgeschwindigkeit eine Gleichung mit sehr vielen Unbekannten, die Vorstellungen über Machbarkeit, Kosten und Zeitrahmen sind noch sehr optimistisch. „Wir sind der Meinung, dass, entsprechend dem heute übersehbaren Entwicklungsstand der Technik, die Frage der technischen Machbarkeit eines Überschallverkehrsflugzeugs bejaht werden muss", verkündet Höltje im Juli 1964 auf der Lufthansa-Hauptversammlung. Im März 1964 ist Lufthansa drei Optionen eingegangen für die geplante amerikanische Entwicklung eines Überschallflugzeugs, die allerdings bis Ende 1965 mit keinerlei Verpflichtungen verbunden sind. Danach sind 600 000 Dollar Anzahlung fällig, die später auch geleistet werden. „Es kann nicht unsere Aufgabe sein, um jeden Preis schneller zu fliegen, sondern es muss unsere Aufgabe sein,

Der Lufthanseat

Zeitung für die Mitarbeiter der Lufthansa — Nummer 98 — 13. Jahrgang — Februar/März 1967

Concorde für Lufthansa

Die Lufthansa hat sich Lieferpositionen für drei Überschallflugzeuge vom Typ Concorde gesichert. Diese in britisch-französischer Gemeinschaftsarbeit von British Aircraft Corporation und Sud Aviation gebauten Flugzeuge sollen der Lufthansa 1973, zwei Jahre nach dem Einsatz der ersten Serienflugzeuge bei anderen Luftverkehrsgesellschaften, geliefert werden. Die Lufthansa bleibt damit ihrem Grundsatz treu, nicht unter den Pionieren des Überschallverkehrs zu sein.

Entgegen früheren Erwartungen kann mit dem Einsatz amerikanischer Überschall-Verkehrsflugzeuge bei der Lufthansa nicht vor 1976 gerechnet werden, das heißt fünf Jahre nach Beginn der Concorde-Auslieferung an die ersten Kunden. Diese unerwartet lange Zeitspanne hat zur jetzigen Entscheidung der Lufthansa beigetragen. Die bereits im März 1964 genommenen Optionen für drei US-Überschallflugzeuge bleiben jedoch bestehen. Der Stückpreis der Concorde beträgt 64 Millionen DM, der gesamte Anschaffungspreis der drei Flugzeuge einschließlich der Ersatzteile liegt bei rund 340 Millionen DM. Die Concorde wird ab 1973 Lufthansa-Passagiere in etwa vier Stunden von Frankfurt nach New York befördern können.

Die Lufthansa hat die Entwicklung dieses ersten zivilen Überschallflugzeugs der westlichen Welt periodisch neuen Studien unterzogen. Anfängliche Bedenken der Lufthansa wurden durch Konstruktionsänderungen, die die Hersteller inzwischen vorgenommen hatten, zerstreut. Ein Kaufvertrag wird erst abgeschlossen, wenn die erste Concorde ihre Flugtüchtigkeit bewiesen hat und die von der Lufthansa-Technik geforderten Leistungsbedingungen erfüllt werden. Die Concorde wird drei Jahre erprobt werden, bevor die Hersteller bei den Luftfahrtbehörden die offizielle Zulassung für den zivilen Luftverkehr beantragen, die für Anfang 1971 erwartet wird.

Die Concorde wird mit einem maximalen Startgewicht von 158,8 Tonnen rund 8 Tonnen schwerer sein als eine Boeing 707. Sie wird 128 Passagiere in einer Reiseflughöhe von 16 500 m mit einer Geschwindigkeit von 2330 km/h befördern können.

Technische Daten	Concorde	Boeing 707-330B	Boeing SST
Spannweite (m)	25,60	44,42	54,96/32,23
Länge (m)	58,23	46,61	93,27
Höhe (m)	11,58	12,94	14,71
Maximales Startgewicht (kg)	158 760	150 414	302 090
Maximales Landegewicht (kg)	98 880	97 524	195 050
Sitzzahl	128	164	286
Kraftstoffmenge (l)	105 000	90 300	212 500
Reisegeschwindigkeit (km/h)	2 330	900	2 870
Maximale Reichweite (km)	6 671	9 060	7 282
Maximale Nutzlast (kg)	11 984	19 590	31 457
Startbahnlänge (m)	2 940	3 300	2 120
Landebahnlänge (m)	2 140	2 150	2 065
Reiseflughöhe (m)	16 500	11 000	19 200
Standschub der Triebwerke (kp)	4 x 15 920	4 x 8 165	4 x 28 668
Typ	(Bristol Siddely/ SNECMA) Olympus 593	(Pratt & Whitney) JT 3D-3B	(Gen. El.) GE 4/J5P

Sie lesen heute

1

Stolz vermeldet die Mitarbeiterzeitung 1967 die Concorde-Bestellung (LH)

so sicher, so regelmäßig und so pünktlich wie nur möglich zu fliegen", erklärt Höltje.

Anfang 1967 hat sich die Lage zugespitzt, mittlerweile nimmt das Projekt Concorde zunehmend Gestalt an, während aus Amerika wenig Konkretes sichtbar wird. Im Januar 1967 verfasst Lufthansa eine „Studie zur Bestellung von Concorde-Flugzeugen (streng vertraulich)". Mittlerweile haben 15 Fluggesellschaften Optionen für 69 Concordes aufgegeben, aus Europa neben Air France (8) und BOAC (8) auch noch Sabena (2). „Durch den Einsatz der Concorde bei verschiedenen Konkurrenzgesellschaften kann LH gezwungen werden, ebenfalls die Concorde einzusetzen, um nicht einen Verlust an Marktanteil oder einen Verzicht auf bestimmte Nachfrageschichten hinzunehmen", heißt es zur Ausgangslage in der Studie. „Mit Ausnahme der inneramerikanischen Gesellschaften American, Continental, Eastern und United sind alle angeführten Luftverkehrsgesellschaften unmittelbare Konkurrenten der LH. Sollte LH sich nicht für eine Bestellung der Concorde entschließen, kann sie erst mit dem Einsatz von US-SST-Gerät auf dem SST-Markt erscheinen", so die Autoren. Damals geht man davon aus, dass Lufthansa mit den Lieferpositionen 77, 80 und 85 ein amerikanisches Flugzeug erst zwischen Januar 1975 und April bzw. Juni

Ein Concorde-Modell zeigt das Flugzeug in den alten Lufthansa-Farben (LH)

1976 einsetzen kann. Bei einer Concorde-Bestellung hingegen könne Lufthansa, so die optimistische Annahme im Januar 1967, bereits Mitte 1973 das erste Flugzeug übernehmen, während die Erstkunden nach damaligen Erkenntnissen bereits ab 1971/72 Überschallflüge anbieten werden. Das einzige Motiv einer erwogenen Concorde-Bestellung ist also der zeitliche Vorteil von rund vier Jahren, den Lufthansa damit gewinnen würde. Ansonsten setzt man weiter auf den US-Gegenentwurf und geht davon aus, „dass der Bestand an Concorde-Flugzeugen in der LH-Flotte wegen der technischen und kostenmäßigen Vorteile des US-SST so niedrig wie möglich anzusetzen ist, d. h. LH wird die Concorde nur auf den Strecken einsetzen, auf denen sie durch die Konkurrenz dazu gezwungen wird."

Doch die Anzahl der Strecken, auf denen Lufthansa meint Flagge zeigen zu müssen, mutet aus heutiger Sicht enorm an und zeigt, wie sehr man davon ausgeht, dass der Überschallverkehr den gesamten Luftverkehr revolutionieren wird. An Probleme etwa mit dem Überfliegen bewohnter Gebiete im Überschalltempo denkt damals noch niemand. Die Studie enthält einen ehrgeizigen Einsatz- und Flugplan für drei Concordes, die die Lufthansa zum Sommerflugplan ab dem 1. April 1974 einsetzen will – eine gigantische Utopie, wie wir heute wissen. 42 Flüge pro Woche mit den drei Überschalljets sieht der Plan vor. Allen voran der Flug LH 414, täglich außer Freitag von Frankfurt (Abflug 10 Uhr Ortszeit) zur Zwischenlandung in Shannon (Ankunft 10.20 Uhr GMT, Abflug 10.50 Uhr) weiter nach New York JFK (Ankunft um 9.55 Uhr Ortszeit), Reisezeit vier Stunden 55 Minuten. Der Rückflug LH 415 startet in JFK um 11.30 Uhr Ortszeit und landet in Rhein/Main um 20 Uhr deutscher Zeit, auf dem Rückweg entfällt wegen der günstigeren Windverhältnisse in West-Ost-Richtung der Tankstopp in Shannon. Die Lufthansa-Planer gehen also davon aus, dass zunächst nicht das geplante reichweitenstärkere Concorde-B-Modell zur Verfügung stehen wird, mit dem ein Nonstopflug in beiden Richtungen möglich wäre.

Des weiteren enthält der Flugplan-Entwurf zweimal wöchentlich beflogene Routen Frankfurt–Montreal–San Francisco sowie Frankfurt–Montreal–Chicago. Nach Südamerika sind vier wöchentliche Flüge vorgesehen, je zweimal soll LH 510 die Route Frankfurt–Dakar–Rio de Janeiro–Buenos Aires befliegen (Gesamtdauer acht Stunden, 15 Minuten – ein Lufthansa-Jumbo braucht heute nonstop 13:45 Stunden), einmal Frankfurt–Shannon–New York–Bogota–Lima (Reisezeit zehn Stunden und 15 Minuten) sowie ein Flug Frankfurt–Shannon–New York–(wenn nötig Caracas zum Tanken)–Lima (ebenfalls in 10:15 Stunden). Unrealistisch dürften zumindest aus heutiger Sicht die geplanten Bodenzeiten von jeweils nur 35 Minuten sein, vor allem bei Stopps in New York und einem so wartungsintensiven Flugzeug.

Auch nach Afrika will Lufthansa die Concorde einsetzen, und zwar in Konkurrenz zu Sabena und BOAC. Lufthansa rechnet damit, dass sie sonst auf einen Teil ihres bisherigen Geschäftsreise- und First-Class-Verkehrs nach Johannesburg verzichten muss. „Da Lagos aus technischen Gründen nur mit einer für einen wirtschaftlichen Anflug nicht ausreichenden Nutzlast anfliegbar ist, muss die Strecke über Ostafrika (Nairobi) geführt werden", erklären die Lufthansa-Planer in ihrer Studie. Die zweimal wöchentlich geplante Strecke von LH 706 führt von Frankfurt in einem Nachtflug über Kairo, Nairobi nach Johannesburg (Reisezeit sieben Stunden, zehn Minuten). Selbst die Strategen müssen aber zugeben: „Die Zweistop-Streckenführung erscheint nicht ideal, ist jedoch auch von der Konkurrenz nicht zu überbieten. Der Anflug von Kairo ist aus Reichweitegründen notwendig". Heute braucht eine Boeing 747-400 für den Nonstop-Flug von Frankfurt nach Johannesburg planmäßig 10 Stunden und 15 Minuten.

Um das Überschallangebot rund zu machen, plant Lufthansa auch dreimal die Woche auf verschlungenen Pfaden Asien und Australien zu erreichen. Die Concorde mit der Flugnummer LH 640 soll von Frankfurt über Athen, Karachi, Bangkok und Hongkong schließlich nach zwölf Stunden Reisezeit Tokio erreichen – was fast eine Stunde länger ist als heute eine Boeing 747-400 braucht, um die Strecke von Rhein/Main nach Narita auf der Sibirienroute ohne Zwischenlandungen zurückzulegen. LH 642 fliegt von Frankfurt mit Tankstopps in Beirut und Indien weiter nach Hongkong (gesamte Reisezeit 9:35 Stunden vs. 11:10 heute mit 747-400 nonstop via Sibirien) und Tokio. LH 698 sollte auf die längste geplante Strecke gehen: Frankfurt–Beirut–Bombay–Singapur–Darwin–Sydney, die geplante Reisezeit von nur 13 Stunden und 20 Minuten erscheint allerdings nicht zuletzt wegen der grundsätzlich nur jeweils 35 Minuten pro Zwischenlandung unrealistisch knapp kalkuliert. Ab 1974 sollen die drei Lufthansa-Concordes so auf 258 Flugstunden pro Woche kommen, was einer täglichen Nutzung von 12 Stunden und 28 Minuten pro Flugzeug entspricht – eine Intensität, die keine reale Concorde je erreicht hat. Die tatsächliche tägliche Nutzungsdauer liegt bei BA Mitte der 1990er Jahre bei durchschnittlich 2,3 Stunden.

Damals rechnet man noch mit maximal 128 Passagiersitzen in der Concorde, die jedoch auf einigen der angestrebten Strecken aufgrund der begrenzten Reichweite nicht voll verkauft werden können. So kann zwar Frankfurt–New York jederzeit nonstop geflogen werden, allerdings bei nicht einmal 50-prozentiger Auslastung mit nur maximal 57 Passagieren. Auch auf dem Rückweg von New York nach Frankfurt ist ebenfalls eine so genannte Payload Penalty hinzunehmen, die bewirkt, dass nur bis zu 85 Fluggäste an Bord gehen können. Bei Frankfurt-Montreal liegt die Zahl bei 77, während auf der Rückreise immerhin 111 zahlende Gäste ohne Zwischenlandung nach Frankfurt gebracht werden können.

Die Studie zeigt Wirkung im Lufthansa-Vorstand, am 17. Februar 1967 wird ein Vorvertrag über drei Concordes abgeschlossen, Lufthansa sichert sich die Lieferpositionen 59, 67 und 73 und zahlt dafür 700 000 Dollar an. An die Presse gemeldet wird das allerdings erst am 9. März 1967 („zur Veröffentlichung um 13 Uhr GMT") – der Stückpreis je Flugzeug soll danach bei 64 Millionen DM liegen, der gesamte Anschaffungspreis inklusive Ersatzteilen bei rund 340 Millionen DM. „Falls wir aus eigenem Verschulden nicht einen endgültigen Kaufvertrag abschließen, müssen wir weitere 700 000 Dollar zahlen, die insgesamt 1 400 000 Dollar sind dann verfallen", vermerkt eine Vorlage für die Hauptversammlung 1968. Der Vertrag zwischen Lufthansa sowie British Aircraft Corporation und Sud Aviation enthält noch andere Ausstiegsklauseln: „Falls jedoch BOAC oder AF die Concorde nicht kaufen oder der Erstflug der ersten Prototype nicht vor dem 31. Dezember 1968 erfolgt oder die endgültige Spezifikation zeigt, dass die ‚Mission Guarantee' (FRA-NYC mit bestimmer Payload) nicht erfüllt wird oder der Grundpreis 16 000 000 Dollar überschreitet, so sind wir frei und die Anzahlung erhalten wir zurück", bestätigt das Papier. Im Januar 1967 haben sich insgesamt 29 Fluggesellschaften weltweit für zusammen 189 Überschalljets vormerken lassen, davon 120 für die geplante Boeing-Variante und 69 für die Concorde. 13 Airlines haben bei beiden Herstellern Optionen getätigt, neben der Lufthansa interessanterweise auch Air France und BOAC (jeweils sechs Boeing 2707 und acht Concorde).

In den folgenden Jahren entstehen immer mehr Probleme, vor allem hinsichtlich der Ablieferungstermine, der Leistungsdaten der Flugzeuge sowie der Möglichkeit zum Überschallflug über bewohntem Gebiet. Bereits 1961 hatte Gerhard Höltje beinahe visionär gewarnt: „Ein Verbot des Überschallflugs über bewohnten Gegenden, das heißt eine Beschränkung auf reine Wasserstrecken, stellt den Sinn des Luftverkehrs mit Überschallgeschwindigkeit ernsthaft in Frage." Auf der Hauptversammlung im Juli 1971 dann leitet Vorstandschef Herbert Culmann langsam die Absetzbewegung ein: „Unsere Option auf die Concorde steht unter einer ganzen Reihe von Vorbehalten, die sich letztlich auf die Wirtschaftlichkeit des Geräts beziehen. Es wäre kaum sinnvoll, ein Überschallflugzeug über dem Atlantik einzusetzen, wenn es zum Auftanken in Irland zwischenlanden und bis dorthin aus Gründen des Lärmschutzes im Unterschallbereich fliegen müsste." Beinahe gleichzeitig allerdings sitzen erstmals Lufthansa-Piloten im Cockpit einer Concorde und können sich bei zwei jeweils zweistündigen Flügen mit dem Prototyp 001 F-WTSS von Toulouse aus selbst ein Bild über die Fähigkeiten des Flugzeugs und den Stand der Erprobung machen.

Flugingenieur Robert Bargl berichtet in der Mitarbeiterzeitung „Der Lufthanseat" im September 1971 von seinen Erfahrungen „Die Demonstration für Lufthansa zählte als 168. Flug der Concorde 001. Vorläufig noch stand sie mit gesenkter Nase auf dem Vorfeld der Flugzeughallen betankt und flugklar. (...) Außer der Lufthansa-Crew befanden sich ein Testpilot, ein Navigator und ein Testingenieur an Bord. Gut 50 Minuten dauerte zunächst das Lesen der Checkliste und das Anlassen der Triebwerke. Dann endlich setzte Kapitän Matzak den Vogel in Bewegung und rollte vorsichtig zur Startbahn. In Startposition bei Schubhebelstellung 85 Prozent überprüfte der Flugingenieur die Triebwerksanzeigen und -warnungen. Zünden der Nachbrenner, Lösen der Bremsen, Schubhebel voll auf – und weg zog die Maschine mit vehementer Beschleunigung im Rücken. Doch plötzlich Gas zurück, Umkehrschub und Vollbremsung – was war geschehen? Einer der Nachbrenner hatte nicht gezündet, beruhigte uns der Testpilot. Also wieder zurück zur Startposition mit eingeschalteten Bremslüftern, um die angestaute Bremstemperatur abzuführen. Der zweite Start verlief programmgemäß. Kapitän Matzak hob die Flugzeugnase bei 175 Knoten (325 Stundenkilometer) von der Startbahn. Mit 18° Anstellwinkel gewann die Concorde rasch an Höhe und beschleunigte mühelos."

Über dem westlichen Mittelmeer erreichen die Lufthanseaten in 53 000 Fuß Höhe Mach 2,03, später folgen Touch-and-Go-Manöver am Flughafen Toulouse. Abschließend halten die Piloten Kurt Matzak und Dieter Andres ihren „durchaus positiven Eindruck" in einem internen Bericht fest. „Im Ganzen kann das Unternehmen des Nachfliegens der Concorde als Erfolg betrachtet werden", so ihr Fazit. „Der Flug bei Mach 2 ist in keiner Weise als außergewöhnlich zu klassifizieren. Der Eindruck, bei sehr großer Geschwindigkeit zu fliegen, blieb völlig aus. (...) Der recht hohe Anstellwinkel von ca. 11,5° im Approach erfordert zwar einige Eingewöhnung für die Flugzeugführer, ist jedoch nicht als schwierig zu erachten. (...) Die Sicht aus dem Cockpit mit gesenkter Rumpfnase wurde als ausgezeichnet angesehen. (...)

Nach zwei erfolgreichen Überschall-Testflügen 1971 zeigt sich die Lufthansa-Besatzung nochmals im Concorde-Cockpit (LH)

Ganz allgemein war die Meinung der LH-Piloten, dass sich die Concorde vergleichsweise einfach fliegen lasse. Die früher befürchteten Schwierigkeiten haben sich nicht eingestellt", resümiert der Bericht der Piloten. Aber eine Besonderheit fällt ihnen auf: „Die Verbiegung des Rumpfes in horizontaler und vertikaler Richtung (‚body bending') war sowohl während des Rollens am Boden als auch in der Luft optisch stark wahrnehmbar, vor allem vom hinteren Ende des Rumpfes her. Diese Erscheinung wäre für ein Passagierflugzeug an sich nur mit Vorbehalt akzeptabel (Passagier-Komfort). Durch die (in den Prototypen nicht vorhandene) Unterteilung der Kabine in ein ‚forward compartment' und ein ‚aft compartment' dürfte dieses Problem allerdings weitgehend gelöst werden." Auch ihr Arbeitsplatz selbst, das Cockpit, gefällt den Lufthanseaten in der Concorde nicht so recht: „In den beengten Raumverhältnissen im Cockpit ist keine Möglichkeit für die Unterbringung von Navigationsunterlagen gegeben. Außerdem ist nach Meinung der LH-Flugzeugführer der Flugingenieur nicht ausreichend in die Besatzung integriert, da er räumlich zu tief sitzt." Der Angesprochene selbst hat da offenbar weniger Probleme: „Nach dieser Woche intensivem Umgangs mit jenem ungewöhnlichen Vogel lautete unsere ungeteilte Meinung: Man kann sich direkt an die Concorde gewöhnen", so Flugingenieur Robert Bargl.

Unterdessen geht im Vorstand die Diskussion weiter und der positive Bericht der eigenen Piloten vermag dem verblassenden Stern der Concorde keinen wesentlichen Auftrieb zu geben. Es kristallisieren sich eine ganze Reihe von Problemen heraus, die nach Ansicht der Lufthansa den kommerziell erfolgreichen Einsatz der Concorde gefährden. Dazu zählen nach einem internen Papier vom 7. Dezember 1971 Folgende:

- Der Kaufpreis, Lufthansa erwartet nach den 1967 genannten 57 Millionen DM pro Stück bis 1976 jetzt einen Preisanstieg auf 119 Millionen DM pro Flugzeug ohne Ersatzteile.
- Unbekannte Betriebskosten, fragliche Wirtschaftlichkeit. „Eine nachweislich bessere Rentabilität gegenüber vorangegangenen Flugzeugtypen war bisher bei unserer Gesellschaft immer eine Kaufvoraussetzung", so das Papier.
- Die nicht kalkulierbaren Flugpreise.
- Begrenzte Nutzlast Frankfurt–New York, Lufthansa geht davon aus, statt 128 Passagieren selbst bei besten Windbedingungen und technischen Verbesserungen allenfalls 110 befördern zu können.
- Verbot von Überlandflügen mit Überschallgeschwindigkeit.
- Noch nicht definierte Lärmgrenzen, daher zusätzliche Unsicherheit bei den Einsatzmöglichkeiten.
- Landerechte in den USA allenfalls mit schwer zu erfüllenden Auflagen zu erhalten.

Allerdings gibt es auch positive Aspekte: So werden etwa „andere Luftverkehrsgesellschaften bis zum Einsatz bei Lufthansa kostenaufwendige Probleme der Concorde-Einfügung in das Gesamtsystem lösen müssen. Den letzten beißen nicht immer die Hunde", konstatiert der Autor des Lufthansa-Papiers triumphierend. Außerdem sei die tatsächlich zu erwartende Umweltbelastung durch die Concorde gering.

Bereits auf der 19. Lufthansa-Hauptversammlung am 4. August 1972 erklärt Vorstandschef Herbert Culmann: „Wirtschaftlich indiskutabel ist derzeit noch das britisch-französische Prestigeprojekt, die überschallschnelle Concorde. Ein Einsatz über die Standardstrecke Frankfurt–New York wäre nach wie vor nur unter wirtschaftlich nicht vertretbaren Bedingungen möglich. Den Einsatz in anderen Verkehrsgebieten werden wir zu einem späteren Zeitpunkt sicher noch einmal überprüfen." Zur selben Zeit verzeichnen die Concorde-Fertiger gerade mal 14 Festbestellungen, obwohl die USA ihr Boeing-Überschallprojekt bereits im März 1971 gestrichen haben. Im August 1972 sind vier Concordes von Air France bestellt, fünf von BOAC, drei von Iran Air sowie zwei aus der Volksrepublik China. Zusätzlich halten noch 15 Gesellschaften Optionen: Air France (4), Air India (2), American Airlines (6), BOAC (3), Braniff (3), Continental Airlines (3), Eastern Airlines (6), Japan Airlines (3), Lufthansa (3), Middle East Airlines (2), Pan American (8), Qantas (4), Sabena (2), TWA (6) sowie United Airlines (6).

Ein Lufthansa-Bericht über den Entwicklungsstand listet im November 1972 nochmals die Problemlage auf. Die erhoffte Nutzlaststeigerung durch ein weiterentwickeltes Olympus-Triebwerk ist ungewiss, weil die Finanzierung der weiteren Entwicklung noch nicht gesichert ist und außerdem keine Klarheit darüber besteht, ob allein ein effizienteres Triebwerk dazu ausreicht und nicht auch aerodynamische Verfeinerungen notwendig sind. Der Fluglärm bei Start und Landung wird weiterhin als eines der Hauptprobleme der Concorde betrachtet, obwohl die Concorde im Vergleich zu anderen Typen gut abschneidet: Nur beim Seitenlärm liegt sie mit 111 EPNdB über der Boeing 707-320B (108) und der DC-8-50 (106). Beim Überflug nach dem Start liegt sie mit 114 EPNdB gleichauf auf mit der 707 und

ist leiser als die DC-8 (106). Beim Anflug entwickelt die Concorde sogar am wenigsten Lärm: 115 EPNdB gegenüber 120 bei der Boeing 707 und 117 bei der DC-8. Auch die wirtschaftlichen Perspektiven verschlechtern sich: „Die augenblicklichen Flugleistungen geben keinen Anlass zum Optimismus und unter diesen Umständen kann die Beschaffung der Concorde nicht gerechtfertigt werden", heißt es in dem Papier, das gleichzeitig darüber nachdenkt, durch Reduzierung der Catering-Gewichte auf Lufthansa-Concorde-Flügen bessere Nutzlasten zu erreichen.

Weiter heißt es: „Die Kostensituation hat sich in letzter Zeit durch weiteres Ansteigen des Kaufpreises erneut verschlechtert". Für 1972 liegt der Preis bei 120 Millionen DM pro Flugzeug ohne Ersatzteile, während die Lufthansa für 1976 inzwischen einen Anstieg auf 135 Millionen DM erwartet – 16 Millionen DM mehr als noch im Vorjahr. Immerhin wurde der bestehende Vorvertrag zu Gunsten der Lufthansa geändert, so dass jetzt kein zeitlicher Zwang mehr besteht und die Lufthansa bis Juni 1974 ihre Lieferpositionen ohne weitere Verpflichtungen aufrecht erhalten kann.

Die Diskussion um die Concorde in deutscher Hand schwelt weiter, mit schöner Regelmäßigkeit gibt Lufthansa-Chef Culmann dazu Erklärungen ab. Im Juni 1973, die weltweite Ölkrise hat mit ihren erheblichen Preissteigerungen beim Treibstoff den Concorde-Betrieb nochmals extrem verteuert, sagt Culmann: „Die Concorde ist angesichts ihrer Nutzlast- und Reichweite-Charakteristika für uns derzeit nicht einsetzbar. (...) Die Entwicklung der Concorde ist aber, was den technischen Fortschritt angeht, doch so bedeutsam, dass man sie nicht einfach negieren kann." Inzwischen hat die Lufthansa keinerlei Verpflichtungen mehr den Herstellern gegenüber, die ihrerseits sogar die Anzahlung an die durch Energiekrise und Fluglotsenstreik finanziell unter Druck stehende Lufthansa zurückerstattet haben und trotzdem die Optionen aufrecht erhalten. Ein Jahr später lässt sich Culmann so vernehmen: „Wir halten es für unrealistisch, derzeit ein Flugzeug in den Markt zu bringen, das mit solchen Handicaps in die Konkurrenz geht. Der Ausweg, der hier offensichtlich in England und Frankreich beschritten wird, ist zwar aus nationaler und politischer Sicht verständlich, aus wirtschaftlicher Sicht nicht."

Am 16. März 1973 ist die Concorde sogar Thema im Deutschen Bundestag. Der Abgeordnete Metzger (SPD) hatte die mündliche Anfrage gestellt: „Wird sich die Bundesregierung dafür einsetzen, dass die Deutsche Lufthansa ihre Optionen auf das Überschallverkehrsflugzeug Concorde zurückzieht und von dessen Kauf endgültig Abstand nimmt? Wird die Bundesregierung die Benutzung des deutschen Luftraums durch zivile Überschallflugzeuge im Überschall- und Unterschallbereich gestatten?". Darauf antwortet der Parlamentarische Staatssekretär Haar: „Die Frage des Zurückziehens ihrer Optionen (...) stellt sich für die Deutsche Lufthansa zum gegenwärtigen Zeitpunkt nicht. Auf Grund von Absagen der größten US-Unternehmen haben die Concorde-Hersteller das Options-System aufgelöst, das heißt mit anderen Worten: Die bisher abgegebenen Optionen gelten nicht mehr." Bereits zuvor hatte die Lufthansa ihre angezahlten 700 000 Dollar plus Zinsen zurückerhalten. Die Diskussionen über eine mögliche Beschaffung gehen trotzdem weiter. Aber der Staatsekretär lässt keinen Zweifel daran, dass Deutschland dem Überflug mit Überschallgeschwindigkeit nicht zustimmen wird, „sofern dabei unzumutbare Belästigungen durch den Überschallknall auftreten." Flüge im Unterschallbereich sowie Starts und Landungen auf deutschen Flughäfen könnten dagegen nicht ohne weiteres beschränkt werden.

Auf der Bilanz-Pressekonferenz im Juni 1976 äußert sich Lufthansa-Chef Culmann schließlich zum letzten Mal zu diesem Thema: „Ein Flugzeug, das trotz aller gegenteiliger Verlautbarungen schlichtweg nicht in der Lage ist, das Geld zu verdienen, das es kostet, ist für uns indiskutabel. Es ist nicht die Investition, um die es geht – daher stammt auch mein Satz ‚Ich würde sie nicht einmal geschenkt nehmen.' Die Lufthansa ist durchaus in der Lage, wenn es nötig wäre, die Investitionsmittel aufzubringen, auch um die Concorde zu kaufen. Es ist schlichtweg das kontinuierliche Defizit, das mit dem Betrieb dieses Flugzeugs verbunden ist. Es stimmt nicht, dass die Concorde mit einem Ladefaktor von 55 Prozent kostendeckend betrieben werden könne einschließlich Abschreibung. Es ist vielmehr so, dass nach den Zahlen, die wir von den Carriern kennen, die damit leben müssen, eine Concorde pro Stück fünf Millionen Pfund (rund 20 Millionen Mark nach damaligem Kurs, d. Verf.) pro Jahr Betriebsverlust erwirtschaftet, und ich kann auch hier nur wiederholen, was ich auf ähnliche Fragen schon gesagt habe: Nennen Sie mir den Zeitpunkt, wann ich den Konkurs der Lufthansa anmelden soll, und ich sage Ihnen, wie viele Concorde ich brauche."

Starke Worte, und wie wir heute wissen, Aussagen von visionärer Richtigkeit. Aber Culmann sieht damals noch nicht das Ende aller Tage für das Projekt ziviler Überschallflüge. „Die Concorde war und ist wahrscheinlich ein erster Stein in einem neuen Entwicklungsfeld. Sie ist das erste Flugzeug, das im zivilen Überschallverkehr zum Fliegen kommt. Sie ist aber noch nicht das Flugzeug, mit dem man zivilen Überschallverkehr kommerziell betreiben kann. Ob die Welt und die Wirtschaft in der Lage sind, Mittel aufzubringen, um das wirtschaftlich operable Überschallflugzeug zu produzieren, das ist eine völlig andere Frage. Wir sind als Lufthansa weiß Gott nicht dazu da, um den technischen Fortschritt aufzuhalten".

Concorde der Air France vor dem Start (AF)

5 Die Concorde auf Linienflügen

Die Tupolew Tu-144 hat ihre schlanke Nase vorn und das haben die nach Prestige-Erfolgen trachtenden Sowjets vermutlich punktgenau kalkuliert: Waren sie schon mit ihrem Erstflug am 31. Dezember 1968 der Concorde zuvorgekommen, schafft die im Westen oft spöttisch Concordski genannte russische Konstruktion dies auch beim Eintritt in den regelmäßigen Verkehr. Am 26. Dezember 1975 beginnt Aeroflot mit der Tu-144 einen so genannten Liniendienst zwischen Moskau und Alma Ata (heute Almaty) in Kasachstan, eine Distanz von etwa 3000 Kilometern, allerdings nur zum Transport von Fracht und Post. Doch das Flugzeug ist weiterhin geheimnisumwittert und nach allem, was man im Westen weiß, nicht in der Lage, auf regelmäßiger Basis Passagierflüge auszuführen. „So hatte die Nachricht, dass die Tu-144 in Dienst gestellt worden war, für uns einen hohlen Klang", erinnert sich der damalige BA-Concordepilot Brian Calvert. „Es hatte einfach keine Bedeutung für das was wir taten. Dass die Tu-144 ein Passagierflugzeug war oder es jemals werden würde, musste erst noch bewiesen werden", so Calvert. Am 14. Januar 1976 übernimmt Brian Calvert dann die erste Concorde für British Airways und fliegt mit der G-BOAA von Fairford nach London-Heathrow. Air France hatte bereits am 19. Dezember 1975 ihre erste Concorde F-BVFA bekommen, und die spätere Unglücksmaschine F-BTSC einige Tage später am 6. Januar 1976. Nach dem längsten Testprogramm in der Geschichte der zivilen Luftfahrt ist nun alles bereit für den ersten Überschall-Liniendienst.

Allein die möglichen Zielorte dafür sind dünn gesät, denn eigentlich ist die Concorde von ihrer Reichweite her genau auf den aufkommensstarken Markt der US-Ostküste zugeschnitten, aber genau da will sie zu dieser Zeit niemand haben. Bereits im Februar 1975 haben Briten und Franzosen ihre Versuche gestartet, ab Anfang 1976 Landegenehmigungen für New York und Washington DC zu erhalten. Aber die Amerikaner zieren sich und schieben erhebliche Umweltbedenken vor, Hauptargument ist der Lärm der Concorde vor allem beim Start. Allerdings ist damals wie heute klar, dass es sich vor allem um politische Gründe und Prestige handelt, das den Amerikanern verbietet, die Aufsehen erregende Concorde so einfach ins Land zu lassen, wo sie sich 1971 selbst schmählich von ihren großen Überschallplänen verabschiedet hatten. Schon im Oktober 1974 lieferten die Europäer erste Daten an die amerikanische Luftfahrtbehörde FAA, aber die verweigern sogar für das international übliche Route-Proving, also Testflüge unter realen Bedingungen, die Landegenehmigung in den USA. Die Dinge ziehen sich hin, eine aufwändige Umweltstudie muss erstellt werden, in der Briten und Franzosen im wesentlichen vorbringen, dass ihre lediglich sechs beantragten Concorde-Flüge pro Tag schon wegen ihrer geringen Anzahl einen zu vernachlässigenden negativen Umwelteinfluss darstellen würden. Außerdem machen beide Regierungen deutlich, dass die wirtschaftlichen Vorteile des Überschallflugdienstes und der technische Fortschritt, den sie darstellen, diese Umwelteinwirkung bei weitem übertreffen würden. Sie stellen auch klar, dass es als außerordentlich diskriminierender Akt empfunden würde, der Concorde diese bescheidene Anzahl von Flügen zu verwehren. Für die kommerziellen Erstflüge jedoch kommen die USA nicht in Frage.

British Airways steht dafür nur ein Ziel offen: Bahrain am Persischen Golf. Der Golfstaat ist ohnehin als Concorde-Zwischenlandung geplant auf dem für später projektierten Weiterflug nach Singapur. Schon damals allerdings ist offensichtlich, dass lediglich Nonstop-Verbindungen auch Wirtschaftlichkeit versprechen, nur so ist der Zeitgewinn derart messbar, dass die Passagiere bereit sind, dafür zum Flugpreis erster Klasse nochmals 20 Prozent Aufschlag zu zahlen. Außerdem ist so an einem Tag der Hin- und Rückflug möglich, was den effizienten Flugbetrieb für die Airlines wesentlich erleichtert. Auf nonstop geflogenen Strecken halbiert die Concorde die Reisezeit, während die gesamte Reisedauer auf längeren Strecken wesentlich weniger attraktiv ist. Verbindungen wie London–Singapur werden allerdings Mitte der 1970er Jahre mit Flugzeugen wie der VC-10, der Boeing 707 oder 747-100 auch nicht ohne Zwischenlandung bedient, erst als die Boeing 747-200 mit größerer Reichweite verfügbar ist, ändert sich dies. Dauert damals die Reise von London nach Sydney 24 Stunden, so hätte die Concorde dies auf 15 Stunden verkürzt. Auf der Polarroute von London nach Tokio benötigt die Concorde zehn an Stelle von 17 Stunden im Unterschalljet, an Flüge über die heute genutzte Sibirienroute ist damals kaum zu denken. Allerdings besteht die Hoffnung, dies könne sich ändern, wenn die Sowjets ihre Tu-144 erfolgreich eingeführt hätten und die Strecke möglicherweise auch der Concorde öffnen würden – aber es kommt anders. Von Sydney nach New York mit mehreren Tankstopps auf Pazifikinseln hätte die Concorde 14,5 Stunden Reisezeit benötigt, acht Stunden weniger als gewöhnliche Jets. Air France hingegen lässt sich von einer nötigen Zwischenlandung nicht abschrecken und setzt die Concorde zur Eröffnung des Überschallzeitalters auf der Strecke Paris–Dakar–Rio de Janeiro ein.

Der große Tag ist Mittwoch, der 21. Januar 1976. Um 11.40 Uhr Greenwich Mean Time gehen genau parallel zwei Concordes an den Start: Die G-BOAA in London-Heathrow zum Flug BA300 nach Bahrain und die F-BVFA in Paris–Charles de Gaulle auf Flug AF085 via Westafrika nach Rio. Zwischen beiden Kontrolltürmen ist eine Standleitung geschaltet, um einen gemeinsamen 30-sekündigen Countdown zu zählen und beide Piloten im selben Moment ihre Bremsen lösen zu lassen. Das

Die Concorde feiert Premiere auf dem fünften Kontinent: Die erste Landung in Melbourne/Australien (SZ)

Französische Concorde mit Piloten, Flugingenieuren, Flugbegleitern und Wartungspersonal (AF)

Ereignis wird weltweit im Fernsehen übertragen und von schätzungsweise einer Viertel Milliarde Zuschauern beobachtet, auf einem geteilten Bildschirm sind beide Flugzeuge gleichzeitig zu sehen. In Heathrow drängen sich allein 3000 Menschen auf dem Dach des Queens Building, wo sich heute noch eine kleine Aussichtsterrasse befindet, alle Straßen sind durch parkende Autos blockiert. An Bord der Concorde sitzt bei beiden Gesellschaften eine illustre Mischung aus Ehrengästen, bei BA angeführt vom Herzog von Kent, und zahlenden Passagieren, von denen einige bereits 1969 gebucht hatten.

Bei British Airways belegt Pilot Norman Todd den linken Sitz, die Air France-Concorde wird von Captain Pierre Chanoine geflogen. Die britische Luftfahrtbehörde CAA hat in letzter Minute darauf bestanden, zwei Inspektoren im Cockpit mitzuschicken und erklärt sich bereit, dafür auf den ersten kommerziellen Flügen die Testpiloten Brian Trubshaw und John Cochrane zu akzeptieren. „Wir waren begeistert, sie dabeizuhaben, sie waren nützlich und gute Gesellschaft zugleich", freut sich Brian Calvert, auf dem BA-Erstflug Copilot. Brian Trubshaw erinnert sich anders: „Man kann nicht sagen, dass unsere Präsenz wirklich willkommen war, nach sieben Flügen hatten wir diese Farce satt und empfahlen CAA und BA, ohne uns auszukommen, was sie akzeptierten." Operationell ist die BA-Route nach Bahrain sehr viel anspruchsvoller als die Rio-Route der Franzosen, die sich überwiegend über dem Atlantik befindet. Der BA-Flug hingegen bewegt sich zuerst mit Mach 0,95 über Frankreich nach Venedig, bevor er nach einer Stunde und 20 Minuten über der Adria Überschalltempo erreichen darf. In einer langen Kurve geht es südlich an Kreta und Zypern vorbei, dann nördlich von Beirut über Syrien entlang der von Saudi Arabien zum Mittel-

Concorde
AIR FRANCE
FLUGPLAN

NORDAMERIKA

AF 001		Concorde		AF 002
tgl.				tgl.
11.00	ab	**PARIS** Charles de Gaulle	an	22.45
08.45	an	**NEW YORK** J. F. Kennedy	ab	13.00

* * *

AF 053		Concorde		AF 054
Mi · Fr · So				Mo · Do · Sa
20.00	ab	**PARIS** Charles de Gaulle	an	23.35
18.05	an	**WASHINGTON** Dulles	ab	13.45
18.55*	ab		an	12.55
20.50	an	**MEXICO-CITY** Internacional	ab	09.00*

*außer Fr — *außer Sa

SÜDAMERIKA

AF 201		Concorde		AF 200
Fr				Sa
18.00	ab	**PARIS** Charles de Gaulle	an	20.00
18.05	an	**SANTA MARIA** (Techn. Zwischenlandung)	ab	16.00
18.55	ab		an	15.10
19.00	an	**CARACAS** Simon Bolivar	ab	09.00

* * *

AF 085		Concorde		AF 086
Mi · So				Mo · Do
13.00	ab	**PARIS** Charles de Gaulle	an	06.40
15.00	an	**DAKAR** Yoff	ab	02.40
15.50	ab		an	01.50
16.00	an	**RIO DE JANEIRO** Galeão	ab	19.40
16.30	ab	**Boeing 737**	an	18.55
17.20	an	**SÃO PAULO** Congonhas	ab	18.05
				Mi · So

gültig ab 1. November 1980

Die Euphorie der Anfangsphase – Concorde-Flugplan von der Air France 1980 (AF)

Die berühmte Anzeige zeigt in der Kabine das Erreichen der doppelten Schallgeschwindigkeit an (SZ)

meer führenden Ölpipeline bis zum Persischen Golf. Aufgrund der sehr geringen Besiedlung in dieser Wüstengegend darf die Concorde hier auch über Land mit Mach 2,0 fliegen. Um 15.17 Uhr GMT, drei Stunden und 37 Minuten nach dem Lösen der Bremsen in Heathrow, setzt G-BOAA in Bahrain auf. Passagiere und Besatzung sind zu einem Bankett im Palast des Emirs geladen, der den Offiziellen zur Feier des Tages jeweils eine Armbanduhr spendiert.

Unterdessen braucht AF085 nur eine kurze Zeit im Unterschallflug bis zur Bucht von Biskaya, wo sie über dem Wasser auf Mach 2,0 beschleunigt. Entlang der iberischen Halbinsel und die Kanaren hinter sich lassend geht es nach Dakar im Senegal, wo die Concorde um 14.24 Uhr GMT auf dem Flughafen Yoff landet. Mit leichter Verzögerung erhebt sie sich um 15.45 Uhr wieder in die Luft, wo die Crew dem einzigen technischen Problem auf den Eröffnungsflügen gegenübersteht: Eine der Luftklappen am Triebwerk, die während des Überschallflugs kühlende Luft um die Brennkammern strömen lässt, öffnet sich nicht, was die Beschleunigung auf Mach 1 verzögert. Doch auch dieser Flug kommt um 19.05 Uhr GMT glücklich am Ziel in Brasilien an, wo den Passagieren eine heiße Partynacht an der Copacabana bevorsteht. Ein neues Luftfahrtzeitalter hat begonnen und aus diesem Anlass schickt die Queen von England eine Botschaft an den französischen Staatspräsidenten Giscard d'Estaing:

„Aus Anlass der heutigen Eröffnungsflüge von Concorde-Flugzeugen von Air France und British Airways sende ich Ihnen und dem französischen Volk meine wärmsten Glückwünsche. Die heutigen Flüge markieren das erfolgreiche Ergebnis von 14 Jahren enger Zusammenarbeit zwischen unseren beiden Nationen. Es ist eine Quelle des Stolzes, dass unsere beiden Völker heute eine neue Ära im zivilen Luftverkehr eröffnet haben".

Als die feierlichen Worte verklungen sind, gilt es, den Alltag des Überschallverkehrs zu gestalten, eine schwierige Aufgabe. BA zum Beispiel verfügt nur über ein einziges Flugzeug, bis Mitte Februar 1976 mit G-BOAC die zweite Concorde für den Linienverkehr umgerüstet und startklar ist. Der erste Concorde-Flugplan ist daher noch recht bescheiden: Montag und Mittwoch startet jeweils um 11 Uhr morgens eine BA-Concorde von Heathrow nach Bahrain, um am Folgetag zurückzukehren. Diese Flüge bedeuten gerade einmal etwa 16 Flugstunden für die Concorde

Zwischen Januar 1979 und November 1980 trägt G-BOAD auf der linken Seite die Farben von Singapore Airlines (SZ)

pro Woche. BA hatte nicht erwartet, dass diese Route sonderlich gefragt sein würde, da Bahrain ja lediglich als Zwischenstopp auf dem Weg nach Singapur dienen sollte. Aber die Auslastung liegt im ersten halben Jahr überraschenderweise bei 48,5 Prozent, etwa doppelt so viel wie vorausberechnet. Air France dagegen kann mit Rio bereits ein „richtiges" Ziel anbieten, Sonntag und Mittwoch startet um 13 Uhr eine Concorde in Charles de Gaulle via Dakar nach Rio, von wo der Rückflug am selben Abend um 20.30 Uhr Ortszeit abhebt. Das ergibt eine wöchentliche Nutzung der Concorde von etwa 25 Flugstunden. Bereits am 9. April 1976 beginnt Air France eine neue Verbindung nach Caracas in Venezuela via Santa Maria auf den Azoren.

Inzwischen geht der Kampf um die Landerechte in den USA weiter: Am 4. Februar 1976 genehmigt US-Verkehrsminister William Coleman nach einem weiteren sorgfältigen Hearing für eine auf 16 Monate begrenzte Testphase Concorde-Flüge in die USA, einzige Bedingungen: Flüge nur zwischen 7 und 22 Uhr, die Einhaltung von Lärm mindernden An- und Abflugverfahren, keine Überschallflüge über den USA, Flüge nur von London-Heathrow und Paris CDG. Thema der Erörterungen ist auch die Umweltverschmutzung durch die Concorde, doch von der Tatsache, dass sie auf 1600 Kilometern nur 2,3 Kilo Kohlenmonoxid in die Luft ausstößt, während ein Auto auf selber Distanz das Zehnfache emittiert, überzeugt auch die kritischen Amerikaner. Allerdings sehen die damals auf dem Atlantik führenden Gesellschaften Pan Am und TWA ihren Premium-Passagiermarkt in Gefahr zu einer Zeit, wo sie ohnehin schon unter der wirtschaftlichen Flaute nach der Ölkrise leiden. Auch die Dominanz der US-Luftfahrtindustrie auf dem Weltmarkt wird durch die Concorde als bedroht angesehen.

Doch diesen vermeintlichen Nachteilen stehen Vorzüge auch für Amerika gegenüber, die letztlich den Ausschlag geben: Die Wirtschafts- und Handelsbeziehungen mit Europa würden verbessert, die USA durch ihre Teilnahme an Auswertungen der Concorde-Flüge Erkenntnisse über mögliche künftige SST-Projekte gewinnen und schließlich mit der Erlaubnis mögliche Gegenaktionen Frankreichs und Großbritanniens vermeiden. Ohne dass jemals eine Concorde ihre Räder auf amerikanischen Boden gesetzt hat, spielt auch die Furcht vor dem Lärm weiter eine wichtige Rolle. Man sieht aber ein, dass die Concorde in ihrem Lärm die damals gängigen Flugzeugmuster Boeing 707 und DC-8 nicht erheblich übertreffen würde, außerdem sind etwa in New York gerade mal maximal acht Flüge täglich geplant gegenüber mehr als 1000 Flugbewegungen insgesamt. Und am neuen Dulles Airport in Virginia außerhalb von Washington ist die Besiedlung derart dünn, dass es sowieso nur sehr wenige Anwohner betrifft.

In Washington, das von der FAA selbst betrieben wird, handelt man denn auch schnell. Schon am 24. Mai 1976 finden die Erstflüge der beiden Gesellschaften mit Concorde nach Dulles statt. Da vor der Küste mehrere umfangreiche militärische Sperrgebiete den Luftraum einschränken, müssen die Piloten im Simulator zuvor besondere An- und Abflugverfahren entwickeln, um allen Vorschriften zu genügen. Anfangs ist sich BA unsicher über die operationellen Folgen dieser Sperrungen und nimmt in Richtung USA nur maximal 80 Passagiere an Bord. Zuerst landet an diesem sonnigen Maitag G-BOAC aus London, zwölf Minuten später kommen die Franzosen aus Paris. Filmreif rollen beide Flugzeuge über verschiedene Bahnen vor den Kontrollturm, wo sie einander gegenüber zum Stehen kommen und zur Begrüßung Amerikas gleichzeitig ihre Nasen und Visiere absenken. Der Empfang ist überwiegend begeistert und die Auslastung der Washington-Flüge liegt bald bei 80 Prozent.

Aber das Hauptziel sind immer noch Flüge nach New York und da geht wenig voran. Unglücklicherweise wird nämlich der JFK-Flughafen von der Port Authority of New York and New Jersey betrieben und die beugt sich nicht automatisch dem Urteil der Bundesregierung in Washington, ein sensibles Thema in einem Bundesstaat. Die vielen Bewohner rund um den Flughafen fürchten in Ermangelung eines realen Erlebnisses immer noch das Lärmgespenst und die Port Authority verhängt ein Landeverbot für die Concorde. Als die Airlines vor Gericht ziehen, verlangt die Behörde eine sechsmonatige Lärmstudie über die Verhältnisse in Washington, Paris und London. „Angesichts der Tatsache, dass sie die Ergebnisse unserer ausgiebigen Tests in Casablanca seit Monaten in den Händen hielten, musste man kein Experte sein, um das politische Spiel zu riechen, das hier gespielt wurde", erinnert sich Testpilot Brian Trubshaw.

Erneut präsentieren Airlines und Hersteller in New York eine ausgiebige Studie über die zu erwartende Lärmentwicklung. Besonders weisen sie darauf hin, dass die Concorde durch ihre gute Manövrierfähigkeit auch bei ungünstigen Windverhältnissen sogar mit Rückenwind starten kann und meist so das Überfliegen bewohnter Gebiete grundsätzlich vermeiden kann. Üblicherweise würde die Concorde die Lärmwerte der Boeing 707-320B ohnehin nicht überschreiten, die wiederum die zulässigen Lärm-Grenzwerte einhält. Aber die Behörde reagiert darauf nicht, also wird eine Gerichtsverhandlung angesetzt. Viel Zeit ist bereits verstrichen, als Richter Milton Pollack am 11. Mai 1977 erklärt, die Verzögerung durch die Behörde und das Ver-

BA-Concorde aus London-Heathrow nach der morgendlichen Landung in JFK (AS)

bot von Demonstrationsflügen sei „diskriminierend, willkürlich und unverständlich" und das Landeverbot aufhebt. Die Behörde legt Revision ein, es geht noch mehrmals hin und her, doch am 17. Oktober 1977 endlich urteilt der Supreme Court, der Oberste Gerichtshof der USA, zu Gunsten der Concorde. Jetzt wollen die Airlines nicht noch mehr Zeit verlieren und handeln sofort. Bereits für zwei Tage später wird ein Route-Proving-Flug mit der französischen Testmaschine 201 F-WTSB angekündigt. Nonstop aus Toulouse kommend fliegt die erste Concorde JFK über die Jamaica Bay an und wird bei der Landung mit einer sehr akzeptablen Lärmmessung registriert.

Die Besatzung ist auf einen feindseligen Empfang eingestellt, aber viele Schaulustige drängen sich in JFK, über 500 Journalisten löchern die Piloten mit Fragen. Auch bei ihrem Start am nächsten Tag bleibt der Lärmteppich bescheiden, auch wenn bei voll beladenen Linienflügen später etwas mehr zu hören ist. Besonders bei den Landungen aber bleibt die Concorde leise und liegt häufig unter dem Niveau anderer Typen. Jetzt, wo das Flugzeug tatsächlich da ist, zeigt sich, dass viele der theoretischen Einwände unbegründet waren, viele der Protestgruppen, die noch kurz zuvor in Demonstrationen durch die Straßen Manhattans gezogen waren, lösen sich auf. Ohne Frage aber hat die lange Ungewissheit und Verzögerung der New Yorker Landegenehmigung der Concorde viele Marktchancen genommen. „Es war ein heftiger Preis zu zahlen, bevor diese in die Länge gezogene Affäre vorbei war", resümiert Brian Trubshaw, „verschiedene Airlines haben ihre Optionen gestrichen weil sie Zweifel hatten, ob sie jemals die Erlaubnis für Flüge von und nach JFK bekommen würden." Auch Brian Calvert zieht eine ähnliche Bilanz: „Bevor die Concorde tatsächlich in New York ankam, gab es immer die große Wahrscheinlichkeit, dass sie nie die Erlaubnis bekäme dort hinzufliegen. Aber als sie dagewesen und zurückgekommen war, hatte

Seltene Begegnung: Formationsflug von vier Concorde der BA (SZ)

sie das Recht errungen, die Route zu fliegen für die sie gemacht war. Es gab nie einen Endkampf – nur einen Anti-Höhepunkt, als der Feind das Feld räumte."

Am 22. November 1977 finden die lang ersehnten Erstflüge beider Gesellschaften nach New York statt. Bei BA sitzt Brian Walpole auf dem Pilotensitz, er ist mit seiner Concorde 20 Minuten zu früh in Heathrow an der Startbahn – denn diesmal soll die Air-France-Maschine als Erste landen. Über Kabinenlautsprecher entschuldigt sich Walpole bei seinen Premierengästen für die Verzögerung: „Ich hoffe, Sie verzeihen diese kleine Verspätung, schließlich ist sie kurz im Vergleich zu den 20 Monaten die es dauerte, nach New York fliegen zu dürfen." Dort ist aus dem Thema inzwischen die Luft raus – nach einem kurzen Fototermin mit beiden Flugzeugen rollt jedes zu seinem Terminal, es gibt nicht einmal eine richtige Pressekonferenz. Lediglich die New Yorker Handelskammer lädt 1000 Gäste zu einem Lunch, um den verspäteten Start ins Überschallzeitalter zu feiern. Aber schnell zeigt sich, dass der Markt tatsächlich auf diese Verbindung gewartet hat, die Flugzeuge sind anfangs zu 80 Prozent voll. Je nach wirtschaftlicher Lage entwickelt sich die Buchungssituation in den nächsten Jahren allerdings mehr oder weniger nach unten, bei Air France etwa schwankt die Auslastung zwischen 49,6 Prozent 1992 und 66,2 Prozent nur zwei Jahre später.

Sobald New York erfolgreich als Concorde-Ziel etabliert ist, widmet sich BA der Ausdehnung des Streckennetzes nach Asien und nimmt am 9. Dezember 1977 die Flüge von London via Bahrain nach Singapur auf. Doch nach nur drei Roundtrips ist schon wieder Schluss – die malaysische Regierung erhebt Einspruch gegen Überschallflüge über der Straße von Malakka, langwierige Verhandlungen folgen. Am 20. September 1978 eröffnet Air France die Strecke von Paris via Washington nach Mexico City, die Reisedauer inklusive Zwischenstopp liegt bei nur sieben Stunden und 40 Minuten. Da aus verkehrsrechtlichen Gründen aber in den USA keine Passagiere nach Mexico aufgenommen werden dürfen, wird die später über New York geführte Strecke nie profitabel und schließlich am 1. November 1982 eingestellt. Ein interessantes Experiment ist auch die Kooperation zwischen Air France, BA und der damals weltberühmten Braniff International Airlines aus Dallas. Um den Ölstaat Texas standesgemäß an Europa anzubinden, operieren Briten bzw. Franzosen und Amerikaner die Concordes auf der Strecke zwischen Dallas und der US-Ostküste ab 12. Januar 1979 gemeinsam und fliegen mit amerikanischer Registration, aber über Land lediglich unterhalb der Schallgrenze. Braniff stellt das Kabinenpersonal auf diesen Flügen, die Registrationen werden z.B. von G-BOAC abgeändert auf G-N81AC bzw. N81AC, für die Dauer des Aufenthalts im US-Luftraum wird das „G-" einfach überklebt.

Aber auch ein ölreicher Bundesstaat kann die Kerosinpreise nicht drücken. Als diese erheblich steigen, beendet Braniff am 1. Juni 1980 ihr Engagement. Am 24. Januar 1979 lebt die Route Bahrain-Singapur wieder auf, mit der in der Geschichte der Concorde einmaligen Lösung, dass G-BOAD auf der linken Seite in den Farben von Singapore Airlines bemalt wird, während rechts die gewohnten BA-Farben zu finden sind. Keine andere Airline außer SIA erhält jemals dieses Privileg – Fotos, die eine Concorde in Braniff-Bemalung zeigen, sind lediglich retuschierte Promotionbilder. Eigentlich hatte SIA für vier Jahre eine Concorde inklusive Cockpitbesatzung von BA leasen wollen, aber durch Probleme mit der Ersatzteilversorgung und dem nötigen technischen Personal entschied man sich für diese salomonische Lösung. Aber alle Anstregung hilft nichts, die Nachfrage auf der Strecke ist gering. Im Durchschnitt fliegen etwa 40 Passagiere pro Flug nach Singapur, nötig gewesen zur Kostendeckung wären 70 bis 80, etwa 13 Millionen Euro Verlust im Jahr häuft allein diese Route auf. Wesentlicher Faktor dabei sind allerdings die zeitgleich startenden Nonstopflüge von London nach Singapur mit der Boeing 747-200. Am 1. November 1980 ist auch diese Route für die Concorde Geschichte. Air France kommt nach Zeitungsberichten auf ihren Concorde-Routen ebenfalls auf Jahresverluste von etwa sieben Millionen Euro.

Es ist unübersehbar – bevor sie richtig Fuß fassen kann, ist die Concorde auf beinahe allen Märkten wegen ihrer fehlenden Fähigkeit zu langen Nonstop-Flügen bereits wieder aus dem Rennen. Am 31. März 1992 beendet Air France die Dienste nach Caracas und Rio. BA verlängert ab dem 27. März 1984 ihren dreimal wöchentlich stattfindenden Flug nach Washington weiter nach Miami – wegen der Küstenlage beider Städte für Überschallflüge eine günstige Route. Immerhin sieben Jahre hält BA diesen Dienst aufrecht, trotzdem ist am 31. März 1991 Schluss. Bereits 1987 feiert ein neues Winterziel Premiere, das sich bis heute gehalten hat: Einmal wöchentlich geht es in der kalten Jahreszeit von London nach Barbados in die Karibik, ein bei der britischen Highsociety beliebtes Sonnenziel mit reichlich zahlungskräftiger Kundschaft. Die Route ist geringfügig länger als die Strecken an die US-Ostküste, dafür verlangt sie wegen des meist stabilen guten Wetters am Ziel weniger Reserven für Ausweichflughäfen. Bei unklarer Wetterlage jedoch legt die Concorde auf dem Weg von London in die Karibik einen Tankstopp in Lissabon ein.

Alle sechs aktiven Concorde von BA in dekorativer Aufstellung vor der Wartungsbasis in Heathrow (SZ)

Schließlich bleiben als dauerhaft angeflogene Zielorte bei BA lediglich dreimal wöchentlich Washington (am 1. November 1994 eingestellt), zweimal täglich JFK sowie im Winter Barbados. Hinzu kommen die bereits Mitte der 1980er Jahre begonnenen Charterflüge, die 2000 bis zu zehn Prozent aller Flüge ausmachen. Air France hingegen beschränkt sich auf einen täglichen New-York-Dienst und führt nur wenige Charterflüge durch. So kommen in einem typischen Jahr die BA-Concordes auf kaum mehr als 5000 Flugstunden, Air France verzeichnet mit 2555 Flugstunden etwa halb so viele und erreicht einen Durchschnittswert von 425 Flugstunden pro Concorde pro Jahr. Verständlich also, dass schon um 1982 Pläne kursieren, der Concorde-Flotte noch andere Nutzungsmöglichkeiten zu öffnen. Der Frachtflieger Federal Express zeigt Interesse daran, ab September 1983 drei Concordes für die Frachtbeförderung von BA zu leasen. Dies hätte einige Veränderungen im Design nach sich gezogen, etwa im Bereich der Druckschotts, des Kabinenbodens oder der Klimaanlage. Aber der Deal kommt nie zustande, weil sich die britische und französische Regierung darüber nicht einigen.

Die hatten lange wesentlich darüber mitzubestimmen, weil sie den beiden damals staatlichen Fluggesellschaften die Verluste des Flugbetriebs ausglichen und bisher auch alle Kosten für Entwicklung und Bau der Flugzeuge übernommen hatten. Allein 1978, so berichten es die Zeitungen, habe der französische Steuerzahler für jedes verkaufte Concorde-Ticket nochmal über 1000 Euro draufgezahlt. Bis zu diesem Zeitpunkt haben beide Herstellerländer zusammen bereits rund zehn Milliarden Euro in das Projekt Concorde gesteckt. Als die letzten fünf unverkauften Exemplare (Baunummern 203, 213 und 215 bei den Franzosen und 214 sowie 216 bei den Briten) sich partout nicht losschlagen lassen, nachdem Pan American abgesprungen ist, gehen sie für einen „symbolischen Preis" von umgerechnet 250 (!) Euro anstelle des eigentlichen Verkaufspreises von 140 Millionen Euro an BA und Air France, die damit jeweils sieben Concordes betreiben (müssen). Plötzlich gelingt es zumindest BA auf diese Weise, mit dem Concorde-Betrieb Profit zu machen: Rund neun Millionen Euro etwa 1980/81. BA-Sprecher Bill Stevens wird im Juli 1979 von den Nachrichtenagenturen wie folgt zitiert: „Wir sind ja in der glücklichen Lage, dass unsere Regierung uns die Flugzeuge praktisch geschenkt hat. Daher brauchen wir nur mit den Betriebskosten zu rechnen." Die allerdings richten sich vorrangig nach den extrem schwankenden Ölpreisen. Erst 1984, nach erheblichem Druck der „Eisernen Lady" Margaret Thatcher, die BA vor die Alternative stellt, den Concorde-Betrieb in Eigenverantwortung zu übernehmen oder einzustellen, erwerben die Briten von der Regierung für 16,5 Millionen Pfund Sterling (nach damaligem Kurs etwa 38 Millionen Euro) fünf Flugzeuge (zwei waren ja bereits für den symbolischen Preis in Besitz der BA gekommen) sowie alle weiteren Einrichtungen für den Concorde-Betrieb inklusive Ersatzteile. BA erklärt sich auch bereit, künftig British Aerospace (heute BAe Systems) und Rolls Royce für etwaige Ersatzeile oder Weiterentwicklungen selbst zu bezahlen. Bei den Franzosen gibt es eine vergleichbare Regelung nicht.

After the Crash

Concorde-Inferno

Foto: dpa

6 Die Katastrophe

Am 25. Juli 2000 erscheint in vielen europäischen Zeitungen eine kleine Notiz – in der Süddeutschen Zeitung ist sie mit „British Airways nimmt Concorde außer Betrieb" überschrieben. Größer aufgemacht ist die Geschichte nur in britischen Boulevardblättern am Tag zuvor, doch viel Notiz davon nimmt die Öffentlichkeit zunächst nicht. BA hatte in ihren sieben Concordes bereits vor Monaten jeweils etwa 50 Millimeter lange Haarrisse gefunden, die sich bei allen Maschinen identisch durch einen Metallspant zogen, der auf die hintere Tragfläche zuläuft. Zunächst gibt man sich bei BA mit dem Urteil der herbeigerufenen Aufsichtsbehörden zufrieden, die die bei älteren Flugzeugen häufigen feinen Risse nicht als sicherheitsrelevant einstufen. Erst als erneute routinemäßige Ultraschall-Untersuchungen ergeben, dass sich bei einem Flugzeug der Riss nochmals um etwa 20 Millimeter verlängert hatte, entschließt sich BA, diese eine Concorde vorübergehend aus dem Liniendienst zu nehmen. Bereits im September, so eine BA-Sprecherin, hoffe man das Flugzeug nach einer Reparatur wieder einsetzen zu könnnen. Am Nachmittag dieses sommerlichen Dienstags erhält diese Meldung allerdings plötzlich eine völlig unerwartete Dramatik.

Fast 25 Jahre lang ist die Concorde bereits auf kommerziellen Flügen unterwegs gewesen, ohne dass es auch nur einen Totalverlust eines Flugzeugs geschweige denn einen einzigen Verletzten oder gar Toten in ihrem Betrieb gegeben hätte. Diese „weiße Weste" über einen so langen Zeitraum kann kein anderes Passagierflugzeug vorweisen – auch wenn andere Typen in wesentlich größeren Stückzahlen unterwegs sind als die nur 13 Concordes. Gerade aber vor dem Hintergrund des technischen Neulands, das die Concorde betritt, und der extremen Belastungen für das Material durch die Überschallflüge bleibt dies durchaus eine beachtliche Leistung. Zumal das russische Gegenstück Tupolew Tu-144 in ihrer wesentlich kürzeren Einsatzzeit zwei Totalverluste zu beklagen hatte, die insgesamt 16 Menschenleben forderten. Immer wieder hat es zwar auch beim Concorde-Betrieb ernste Zwischenfälle gegeben, da aber nie Menschen zu Schaden gekommen sind und kein Totalverlust eines Flugzeugs zu beklagen war, bemühten sich vor allem die Franzosen, Informationen darüber unter der Decke zu halten. Am meisten Publizität erlangten noch insgesamt drei Zwischenfälle, bei denen sich Anfang der 1990er Jahre durch Delamination (Auflösung von Klebeschichten) Teile des Seitenruders während des Fluges gelöst hatten, was aber die Concorde nie in Gefahr bringen konnte. In Großbritannien und Frankreich ist die Ikone Concorde weiter ein nationales Statussymbol, an dem Kritik zu üben als unpatriotisch gilt. Selbst berechtigte technische Einwände vor allem gegenüber den immer wieder platzenden Concorde-Reifen übt allenfalls die US-Verkehrssicherheitsbehörde NTSB, niemals aber eine der Luftfahrtbehörden der beiden Herstellerländer.

Für 96 Deutsche, zwei Österreicher und je einen Dänen und Amerikaner soll am 25. Juli 2000 im Terminal 2 des Pariser Flughafens Charles de Gaulle die Reise ihres Lebens beginnen. Bei der Reederei Peter Deilmann im holsteinischen Neustadt haben die überwiegend älteren, meist wohl situierten Herrschaften eine 15-tägige Kreuzfahrt mit der MS „Deutschland" gebucht, die zu dieser Zeit bereits im Hafen von New York ihre Fahrgäste erwartet. Von New York durch die Karibik und den Panamakanal bis nach Ecuador soll diese Schiffsreise gehen, und für 2900 Mark (1483 Euro) ist sogar die Anreise in einer eigens gecharterten Concorde der Air France inklusive. Während der reguläre Linienflug AF001 Paris bereits am Morgen um 11 Uhr in Richtung New York verlassen hat, steht der Charterflug AF4590 für 15.30 Uhr auf dem Einsatzplan. Mehrfach haben die Air France-Techniker ihre Pläne geändert, welche Flugzeuge auf beiden Umläufen zum Einsatz kommen sollen. Schließlich wird am Nachmittag die F-BTSC aus dem Hangar zum Terminal 2A gerollt, um planmäßig um 15.30 Uhr die Reise über den Atlantik anzutreten. Das Flugzeug ist die dritte produzierte Concorde, die ihren Erstflug am 31. Januar 1975 absolviert hatte. Ende Juli 2000 hat sie bereits 11989 Flugstunden und 3978 Cycles (ein Cycle umfasst je einen Start und eine Landung) hinter sich – kein Alter für ein gut gewartetes Flugzeug.

Aber die Abreise verzögert sich, zuerst fehlt Gepäck von den Zubringerflügen aus Deutschland, dann ordnet der mit 34 Jahren Flugpraxis sehr erfahrene Flugkapitän Christian Marty (54) noch den Austausch der fehlerhaften Schubumkehr an Triebwerk Nummer 2 an. Daraus entstehen später vielfältige Spekulationen, die Triebwerkshersteller Rolls-Royce und Sncema versichern aber, dass eine funktionsuntüchtige Schubumkehr an einem Triebwerk den Flug in keiner Weise gefährdet hätte. Um 16.39 Uhr endlich wird die Concorde vom Gate zurückgeschoben und tritt ihren Weg zur Startbahn 26 rechts an. Das Flugzeug ist mit insgesamt 109 Menschen voll besetzt, das errechnete Startgewicht liegt bei 185,1 Tonnen. Neben Christian Marty, der selbst auf der Concorde erst 317 Flugstunden absolviert hat, sitzt Copilot Jean Marcot (50). Er fliegt den Überschalljet bereits seit 1989 und arbeitet mit seinen 2700 Flugstunden auch als Ausbilder. Hinter ihnen sitzt Flugingenieur Gilles Jardinaud, (58), mit 937 Flugstunden auf diesem Flugzeugmuster ebenfalls sehr erfahren. Für den schwer beladenen Flug nach New York sind die Tanks mit 95 Tonnen oder etwa 115 000 Litern Kerosin fast bis zum Anschlag gefüllt, aber das ist nicht außergewöhnlich. Allein für den Weg vom Flugsteig zur Startbahn verbraucht die durstige Concorde am Boden schon etwa 800 Kilo oder 1100 Liter Sprit. Vor der Concorde ist auf der Bahn 26 rechts eine DC-10 der Continental Airlines gestartet, anschließend eine Boeing 747 der Air-France. In Sichtweite der Piloten ist soeben auf einer benachbarten Bahn ebenfalls ein Air France-Jumbo gelandet, ein Sonderflug mit Staatspräsident Jacques Chirac an Bord, der von einem Staatsbesuch aus Japan zurückgekehrt ist. Um 16.42 Uhr und 17 Sekunden gibt der Tower die Startfreigabe – im Folgenden sind der ins Deutsche übersetzte Funkverkehr wiedergegeben sowie die vom Cockpit-Voice-Recorder aufgenommenen Geräusche:

Das Unglücksflugzeug F-BTSC in Paris im Januar 2000 (AS)

Fluglotse: Air France 4590, Startbahn 26 rechts, Wind null neunzig, neun Knoten, Sie haben Startfreigabe.

Copilot: 4590 startet 26 rechts *(Geräusch eines Schalters).*

Pilot: Sind alle bereit?

Copilot: Ja.

Flugingenieur: Ja.

Pilot: Bis V1 150. *(Gemeint ist die Geschwindigkeit V1 von 150 Knoten oder 270 km/h, bei der das Flugzeug nicht mehr zum Stillstand gebracht werden kann, sondern unter allen Umständen abheben muss)* Top. *(Geräusch von beschleunigenden Triebwerken)*

Unidentifizierte Stimme: Auf geht's, Chris-

tian. *(Über Funk verabschiedet jemand den Kapitän)*

Flugingenieur: Alle vier sind hochgefahren *(Geräusch eines Schalters)*

Copilot: 100 Knoten.

Pilot: Bestätigt.

Flugingenieur: Viermal grün. *(Gemeint ist: Alle Triebwerke laufen störungsfrei)*

Copilot: V1 *(Zu dieser Zeit sind unerklärbare Geräusche zu hören, eine leichte Vibration ist zu spüren. Um 16.43 Uhr und 10 Sekunden, so wird später geklärt, ist der vordere linke Reifen geplatzt)*

Pilot: *(Unklar)*

Copilot: Achtung *(Die Concorde zieht jetzt*

Ein halbes Jahr vor dem tragischen Absturz wartet F-BTSC auf dem Vorfeld in Paris-CDG auf den nächsten Einsatz (AS)

auf der linken Seite einen etwa 15 Meter langen Flammenschweif hinter sich her, der für die Insassen nicht sichtbar ist. Gleichzeitig beginnt die Maschine nach links von der Mittellinie der Bahn abzukommen)

Fluglotse: Concorde null ... 4590, Sie haben Flammen *(unklar)*, sie haben Flammen hinter sich! *(Der Fluglotse ist so aufgeregt, dass er den Flug zunächst mit seiner üblichen Flugnummer 001 anreden will)*

Unidentifizierte Stimmen: Richtig. *(Hintergrundgeräusche wechseln, Geräusch eines Schalters)*

Flugingenieur: Stopp *(unklar)*

Copilot *(zum Fluglotsen)*: Klar verstanden.

Flugingenieur: Ausfall, Motor 2 ist ausgefallen *(Geräusch von zwei Schaltern, gefolgt vom Feueralarm. Das linke innere Triebwerk ist ausgefallen, während das Warnsystem für geplatzte Reifen keine Unregelmäßigkeit anzeigt)*

Unidentifizierte Stimme *(über Funk)*: Es brennt schlimm. (Warnhorn ertönt)

Flugingenieur: Motor zwei abgeschaltet. *(Eine beim Start unterhalb von 400 Fuß/ca. 130 Meter Höhe eigentlich verbotene und riskante Prozedur, zumal sie hier nicht vom Piloten angeordnet ist.)*

Pilot: Verfahren für Triebwerksbrand *(Geräusch eines Schalters, Ende des Klingelns des Warnhorns)*

Copilot: Achtung, der Geschwindigkeitsmesser, der Geschwindigkeitsmesser, der Geschwindigkeitsmesser! *(Geräusch eines Schalters, ein Gong ertönt. Die Concorde fliegt zu diesem Zeitpunkt nur 371 km/h, obwohl 420 km/h notwendig wären. Sie überfliegt daher die Außengrenze des Flughafens nur in einer Höhe von 30 Metern)*

Neue Stimme aus dem Kontrollturm: Es brennt schlimm und ich bin nicht sicher, ob das der Motor ist. *(Schaltergeräusch wie von der Betätigung des Feuerlöschhebels)*

Pilot: Fahrwerk auf Einfahren *(Der Pilot weist den Flugingenieur an, das Fahrwerk einzuziehen, um die Geschwindigkeit steigern zu können)*

Fluglotse: 4590, Sie haben starke Flammen hinter sich.

Flugingenieur: Das Fahrwerk, nein *(Warngong ertönt. Das Fahrwerk lässt sich nicht einfahren)*

Fluglotse: Wie Sie es wünschen, Sie haben Priorität zur Landung.

Flugingenieur: Fahrwerk.

Copilot: Nein *(zwei Schaltergeräusche)*

Pilot: Fahrwerk *(unklar)*, kommt rauf.

Copilot: Klar empfangen *(Feueralarm, Gong, drei Schaltergeräusche).*

Copilot: Ich versuche es *(unklar)*

Flugingenieur: Ich drücke drauf *(Gemeint ist die Entleerung der Löschmittelkartusche im Triebwerk 2).*

Pilot: Haben Sie Motor 2 abgeschaltet? *(Ende des Rauchalarms. Der Motor scheint nach einer Unterbrechung zeitweise weiter zu laufen)*

Flugingenieur: Ich habe ihn abgeschaltet.

Copilot: Der Geschwindigkeitsmesser. *(Schaltergeräusch, Ende der akustischen Warnsignale. Die Concorde ist immer noch langsamer als 400 km/h und nicht höher als 45 Meter)*

Copilot: Das Fahrwerk geht nicht rein. *(Feueralarm ertönt erneut. Zusätzlich gibt das Bodenannäherungwarngerät GPWS Warnsignale. Das Flugzeug ist bereits 89 Sekunden in der Luft)*

GPWS: Whoop Whoop – Pull up, Whoop Whoop – Pull up.

Copilot: Der Geschwindigkeitsmesser.

Feuerwehrkommandant: De Gaulle Kontrollturm von Feuerwehrkommandant.

Fluglotse: Feuerwehrkommandant, uh ... die Concorde, ich weiß nicht was sie vorhat, gehen Sie in Position am Südende von Startbahn 26.

Pilot: *(Unklar)*

Feuerwehrkommandant: De Gaulle Kontrollturm von Feuerwehrkommandant, Erlaubnis für Zufahrt 26 rechts.

Copilot: Le Bourget, Le Bourget, Le Bourget! *(Der Flughafen Paris-Le Bourget liegt nur vier Kilometer entfernt von Charles de Gaulle, für eine Notlandung dort ist nur eine 90-Grad-Drehung erforderlich, während dem Copiloten eine 180-Grad-Wende zur Rückkehr nach CDG als zu riskant erscheint).*

Pilot: Zu spät *(unklar)*

Fluglotse: Feuerwehrkommandant, Korrektur, die Concorde kehrt zurück auf Bahn null neun in entgegengesetzter Richtung.

Pilot: Keine Zeit, nein.

Copilot: Negativ, wir versuchen Le Bourget *(vier Schaltergeräusche)*

Copilot: Nein *(unklar)*

Feuerwehrkommandant: De Gaulle Kontrollturm von Feuerwehrkommandant, können Sie mir die Situation der Concorde sagen? *(Zwei Gong-Laute. Geräusch von Schaltern, die bewegt werden, Geräusche von Gegenständen, die im Cockpit umherfliegen).*

Pilot: *(unklar, Geräusche von Anstrengungen, die Kontrolle wiederzugewinnen).*

Der letzte Ton wird vom Cockpit-Voice-Recorder um 16.44 Uhr und 30 Sekunden aufgezeichnet, eine Sekunde später endet die Aufnahme. Zwei Minuten und 13 Sekunden nach dem Anrollen des Air-France-Flugs AF4590 auf der Startbahn 26 rechts des Flughafens Paris Charles de Gaulle zerschellt das Flugzeug beim Aufprall auf das Billighotel „Hotelissimo" in Gonesse, gerade mal 6,4 Kilometer vom Flughafen entfernt. Alle 109 Menschen an Bord finden dabei sofort den Tod, vier Hotelangestellte am Boden kommen ebenfalls ums Leben.

Der Absturz der Concorde ist kein gewöhnlicher Flugzeugabsturz, der für unmöglich gehaltene Unfall des elegantesten, teuersten und schnellsten Passagierflugzeugs der Welt löst eine Schockwelle in aller Welt aus, die manche mit der Reaktion auf den Untergang der Titanic vergleichen. Eine Ikone, ein Symbol für die technische Machbarkeit menschlicher Träume hat nach knapp einem Vierteljahrhundert am Himmel plötzlich seine Unschuld verloren. Gleich schießen überall die Spekulationen über die Ursache ins Kraut und die Unkenntnis vieler Medien über die besondere Funktionsweise der Concorde treibt manch bizarre Blüten. Als Erstes kommt logischerweise die Meldung vom selben Tag wieder auf die Tagesordnung: War es Materialermüdung? Haben die Haarrisse aus der BA-Concorde-Flotte jetzt zum Absturz einer Air-France-Concorde geführt? Schnell lässt sich dies widerlegen, als ein unscharfes Photo um die Welt geht, das zwei ungarische Flugzeugspotter am Flughafen aufgenommen haben: Es zeigt die kaum in die Luft kommende Concorde, wie sie einen riesigen, bis zu 60 Meter langen Feuerschweif hinter sich herzieht. Eine Materialermüdung kann damit ausgeschlossen werden. Kurz darauf werden weitere erschreckende Bilddokumente der Kata-

Bis zum Absturz waren lediglich Probleme mit sich lösenden Seitenrudern bekannt geworden (AS)

BRITISH AIRWAYS
G-BOAE

Meeting der Concorde-Jets in New York (AS)

7 Neuanfang – ein zweites Leben für die Concorde

Ist mit dem Unfall der Concorde das Ende des kommerziellen Überschallflugs gekommen? Viele Kritiker, denen der laute, Sprit fressende und in großen Höhen Schadstoffe emittierende Überschalljet als Luxus-Verkehrsmittel für Superreiche schon lange ein Dorn im Auge ist, versuchen die öffentliche Diskussion in diese Richtung zu lenken. „Reif fürs Museum", schreibt der Spiegel, „Bye Bye Concorde", die Pariser Zeitung Libération. Air France hält sich als vorrangig betroffene Gesellschaft in der Debatte sehr zurück, aus Respekt vor den Opfern, heißt es. Sehr viel offensiver geht von Anfang an British Airways mit dem Thema um, die noch wesentlich stärker als die Franzosen die Concorde immer in den Mittelpunkt ihres Marketings gestellt hat und ihre gesamte Firmenphilosophie auch 25 Jahre nach dem kommerziellen Erstflug auf dieses einmalige Flugzeug gründet. „Wir sind zuversichtlich, dass die Concorde in den Liniendienst zurückkehren wird, um wieder ihren Schlüsselplatz in unserer Marketingstrategie einzunehmen", sagt BA-Marketingdirektor Martin George im Herbst

Die Tankauskleidung mit Kevlar-Gummi-Elementen soll eine Wiederholung des Unfallszenarios künftig verhindern (AS)

Die lange Bodenzeit ihrer Concordes nutzt BA zum Einbau neuer und leichterer Kabineneinrichungen (AS)

2000. Die Engländer halten engen Kontakt mit ihren rund 3500 wichtigsten Concorde-Kunden, informieren sie über die Entwicklung und laden sie später sogar ein, selbst die Modifizierungen der Flugzeuge zu besichtigen. Unterdessen startet zum ersten Mal seit dem Unfall eine Concorde – am 21. September 2000 fliegt die seit dem Absturz in New York festsitzende F-BVFC der Air France leer nach Paris zurück und wird bei der Ankunft von den Angestellten der Gesellschaft stürmisch begrüßt. „Concordes letzter Flug?", fragt die Herald Tribune.

Während eine Gruppe von Anwälten mit Air France über Schadenersatz für die Hinterbliebenen verhandelt, werden in einem Hangar in Dugny bei Le Bourget die Trümmer der abgestürzten Concorde gesichtet. Besondere Aufmerksamkeit gilt der linken Tragfläche, ihre Teile werden sorgfältig wieder zusammengesetzt. Bald kristallisiert sich die wichtigste Aufgabe heraus, die es zu lösen gilt, um die

Concorde wieder in Betrieb zu nehmen: Modifikationen an den Treibstofftanks zur Tragflächenunterseite hin, um das Risiko künftig auszuschließen, dass durch ein Leck Treibstoff auslaufen und sich entzünden kann. Mitte Dezember 2000 erhält der geplante Neuanfang für die Concorde einen wichtigen Schub: Bei ihrem vierten Treffen beschließt die Concorde-Arbeitsgruppe der beiden Hersteller BAE Systems Airbus und EADS France, ein intensives Testprogramm abzuhalten mit dem Ziel, die nötigen Modifikationen für die Wiederinbetriebnahme der Concorde unter praktischen Bedingungen zu erproben.

Herzstück der geplanten Veränderungen ist der Einbau von 82 maßgeschneiderten Kevlar-Gummi-Auskleidungen in sechs Tanks, die dem möglichen Aufprall von Gummifragmenten am unmittelbarsten ausgesetzt sind. Bei einer Punktierung der Tanks sollen sie das Ausfließen großer Treibstoffmengen verhindern, ein Verfahren, das bereits in Militärhubschraubern oder Formel-1-Rennwagen Standard ist. Hierfür muss auch in Windkanal-

Die erste modifizierte BA-Concorde G-BOAF am 11. September 2001 nach dem Absolvieren des ersten Überschall-Testflugs mit Fluggästen (AS)

tests geprüft werden, wie sich die Auskleidungen bei einer Beschädigung der Concorde-Außenhaut verhalten. Zum Abschluss wird in Toulouse ein Tankmodell sogar mit vier Kilo schweren Gummistücken beschossen, um nachzuweisen, dass die neuen Auskleidungen ein Leckschlagen verhindern. Weitere Testreihen sind ebenfalls für die Triebwerke vorgesehen und schließlich muss ein von Michelin entwickelter neuer Radial-Reifen erprobt werden, der kaum noch kaputtzukriegen sein soll und sonst allenfalls in kleine Stücke zerplatzt.

Anfangs besteht die Hoffnung, die planmäßigen Überschallflüge bereits im April 2001 wieder aufzunehmen. Vor allem BA ist ungeduldig und erklärt, man könne es sich nicht leisten, die Concorde länger als ein Jahr am Boden zu halten. Allein bis Ende 2000 hat BA rund 60 Millionen Euro aufgewendet, um Flugzeuge und Besatzungen flugtauglich zu halten. Jeden Tag ist ein Ingenieurteam in London-Heathrow damit beschäftigt, abwechselnd die Systeme und Computer aller sieben BA-Concordes hochzufahren, die Trieb-

Am 7. November 2001 landet BA-Chefpilot Mike Bannister erstmals wieder eine Concorde in JFK (AS)

werke laufen zu lassen und die Flugzeuge am Boden zu bewegen. Unterdessen wird im Januar 2001 die Air-France-Concorde F-BVFB nach Istres in Südfrankreich geflogen, um sich dort auf einer Militärbasis intensiven Tests zu unterziehen. Gleichzeitig verkündet BA den Beginn der Modifizierung ihrer ersten Concorde mit dem Kennzeichen G-BOAF. Mehr als 45 Millionen Euro sollen dafür in der gesamten Flotte investiert werden, davon allerdings 21 Millionen Euro in neue Kabineneinrichtungen, die ohnehin geplant waren. Doch die Umbauten ziehen sich hin, am 19. Juni kann BA schließlich den Abschluss der Arbeiten vermelden und erst am 18. Juli folgt der erste Start: BA-Concorde-Chefpilot Mike Bannister und der oberste Testpilot der CAA, Jock Reid, starten am frühen Abend mit der G-BOAF von Heathrow in Richtung Island zum ersten Überschallflug seit dem Unfall und kehren nach drei Stunden und 20 Minuten zur Luftwaffenbasis Brize Norton zurück. Am 15. August beantragen die Hersteller bei den Behörden die Wiederzulassung der Concorde, die am 5. September für die zunächst sechs umgerüsteten Maschinen beider Gesellschaften erteilt wird. Der mit Spannung erwartete erste Flug mit voll besetzter Kabine wird auf den Mittag des 11. September 2001 gelegt, einen Tag, der die Welt aus anderen Gründen verändern wird.

Aber Concorde-Piloten sind hart im Nehmen. Als Mike Bannister mit Alpha Foxtrott nach der Landung gegen 14 Uhr Ortszeit vor den Hangar in London-Heathrow rollt, stürzt in New York gerade das World Trade Center zusammen. Bannister hat soeben den ersten von fünf Testflügen nach dem Flugverbot mit einer Kabine voller „Passagiere“ absolviert – in Wahrheit BA-Angestellte, die den Flug in einer internen Lotterie gewonnen haben. Bannister wirft nach der Landung einen ungläubigen Blick auf den Fernsehbildschirm, sieht die Flugzeuge in die Wolkenkratzer rasen und sagt ruhig: „Das machen wir jetzt aus und sprechen über die Concorde.“ So sind sie, die Concorde-Flieger, nicht aus der Ruhe zu bringen. Aber ganz ignorieren können auch sie die neuen Umstände nicht – die äußeren Umstände für die inzwischen für November geplante Wiederaufnahme der Concorde-Linienflüge ist ungünstiger denn je. Terrorpanik und Flugangst breiten sich auf der ganzen Welt aus, erst recht in London und New York.

Trotzdem steht für Air France und vor allem für British Airways die Wiederaufnahme der Flüge nicht in Frage. Man weist gemeinsam die zum ersten Jahrestag des Absturzes aufgekommenen Theorien zurück, nachdem der fehlende Abstandsring am Fahrwerk eine größere Rolle bei dem Unglück gespielt haben könnte. „Das behaupten doch nur pensionierte Piloten, die seit Jahrzehnten keine Concorde mehr geflogen haben“, wiegelt BA-Ingenieur Steve Lincoln ab. Dann zeigen die BA-Techniker die nächsten im Hangar stehenden Concordes Alpha Echo und Alpha Golf, die gerade umgerüstet werden.

„Hier müssen meine Leute hineinkriechen“, sagt Concorde-Ingenieur Claud Freeman und deutet durch eine kaum eimerdeckelgroße Luke in die Tragflächentanks unweit des Fahrwerks. „Vor allem vorn in den Flügelkanten ist die Arbeit sehr schwierig“, so Freeman. In sechs der insgesamt rund zwei Dutzend Tanks jeder Concorde werden jetzt 82 maßgeschneiderte Kevlar-Gummi-Elemente auf den Tankboden montiert, bis zu 40 Techniker sind gleichzeitig pro Flugzeug beschäftigt. Die wichtige Fähigkeit des Kerosins, während des Überschallfluges die sich durch die Reibungshitze stark aufheizende Außenhaut zu kühlen, ist durch die Kevlar-Gummi-Elemente nicht beeinträchtigt. Außerdem wurden auch einige Kabelstränge in der Nähe der Fahrwerke verlegt oder erneuert, durchtrennte Kabel gelten als Auslöser des Feuers. „Die Kabel sind jetzt mit einer Schutzschicht aus Teflon überzogen und nochmal mit einer dünnen Schicht Stahl umhüllt, das kann man nicht zerreißen“, erklärt Claud Freeman. Erneuert wird bei BA auch die Kabinenausstattung, unter anderem mit Sitzen aus blauem Connolly-Leder.

Der enge Zugang zu den Tragflächentanks (AS)

Das hat die positive Folge, dass die Flugzeuge trotz aller Neuerungen leichter sind als zuvor – eine kritische Frage, denn höheres Gewicht hätte geringere Reichweite oder weniger Passagiersitze an Bord bedeutet. Die Tankauskleidung wiegt rund 400 Kilo, dafür sind aber die neuen Reifen zusammen 160 Kilo leichter als bisher und die Kabineneinrichtung wiegt dank neuer Materialien sogar 350 Kilo weniger. Diese Vorteile hat Air France nicht, die sich erst künftig eine neue Kabine zulegen will. Außerdem ist die Flugstrecke von Paris nach New York zehn Flugminuten länger und dafür benötigt die Concorde etliche Tonnen Sprit mehr als von London. Air France will nichts riskieren und verkauft bei der Rückkehr des Flugzeugs in den Liniendienst und bis heute nur noch 92 anstatt 100 Passagiersitze. „100 Passagiere mit Gepäck ergeben eine Zuladung von mehr als zehn Tonnen, dafür ist eine spezielle Flugvorbereitung und -abwicklung nötig", erklärt Air-France-Ingenieur Pierre Grange. „Wir wollen die Flüge komfortabler machen, auch für das Drittel der Kabinenbesatzung, das jetzt neu dabei ist, deshalb haben wir uns entschieden, die Plätze zu reduzieren".

Der 11. September und seine Nachwirkungen wie ein mehrtägiges totales Flugverbot in den USA verzögern erneut die Wiederaufnahme der Concorde-Liniendienste. Beide Gesellschaften haben inzwischen jeweils drei ihrer Maschinen nach dem neuen Standard modifiziert, bereits am 22. Oktober absolviert eine ebenfalls mit BA-Angestellten besetzte Concorde den inoffiziellen Erstflug nach der Katastrophe nach New York ohne Zwischenfälle. Für zahlende Gäste (bei Air France) und eingeladene VIPs (bei British Airways) ist es erst am Mittwoch, den 7. November 2001 soweit, und die Symbolkraft ist wichtiger denn je, gerade in New York. Noch nicht einmal zwei Jahre ist es her, da drohte der US-Senat der Concorde mit einem Entzug der Landeerlaubnis in New York. Anlass war der Streit mit der EU um die geplante Verbannung lauter Chapter-2-Flugzeuge von europäischen Flughäfen und die Suche der USA nach einem Druckmittel dagegen.

Das alte Reifenprofil (innen) und das neue (außen) (AS)

Auch 1976/77 war man in New York nicht freundlich gesinnt, als Franzosen und Engländer ihr neues Überschallflugzeug erstmals in die Stadt bringen wollten. Auf den Straßen Manhattans kam es sogar zu Demonstrationen gegen den Donnervogel, die Lärm- und Umweltgründe gegen den schnellen Flieger ins Feld führten. Doch von solchen Animositäten der Luftfahrtgeschichte will an diesem Morgen niemand mehr etwas wissen, es ist ein besonderer Tag auf dem John F. Kennedy Airport und das klare milde Wetter dem Anlass gemäß strahlend. New York ist nach dem 11. September nicht mehr das, was es einmal war, sondern eine geschundene Stadt mit angeknackstem Selbstbewusstsein. Da kommt die Wiederaufnahme des Linienverkehrs mit der Concorde von London und Paris als Symbol der Hoffnung sowohl für die Stadt als auch den weltweiten Luftverkehr wie gerufen.

Gegen 8.20 Uhr Ortszeit senkt sich an diesem Herbstmorgen die Air-France-Concorde

Am 7. November 2001 um kurz nach neun Uhr Ortszeit landet die BA-Concorde erstmals wieder in JFK (AS)

Freundlicher Empfang: New Yorks Bürgermeister Rudolph Giuliani erhält zwei Concorde-Modelle als Gastgeschenk (AS)

zur Landung in JFK, die jetzt schon um 10.30 Uhr (statt früher um elf Uhr) Pariser Zeit an den Start geht. An Bord befinden sich nur etwa 20 geladene Gäste, unter ihnen die Air-France-Spitze und Reifenhersteller Edouard Michelin, der Rest sind zahlende Passagiere. Kurz nach neun Uhr folgt die Maschine aus London, die ausschließlich mit englischen Journalisten, BA-Top-Kunden inklusive Popstar Sting und natürlich BA-Chef Rod Eddington besetzt ist. Als Chefpilot Mike Bannister zur Abstellposition am BA-Terminal rollt, lehnt er sich weit aus dem Cockpitfenster und streckt den Daumen hoch. Später sagt Bannister: „Dies ist der wichtigste Tag meiner Karriere, und die letzten 15 Monaten der Vorbereitungen für den Neustart waren die anstrengendste Zeit meines Lebens".

Dann stellen sich beide Airlinechefs, die Verkehrsminister Großbritanniens und Frankreichs sowie der New Yorker Bürgermeister Rudolph Giuliani der Presse. Das populäre Stadtoberhaupt war bereits an Bord der BA-Concorde gegangen und hatte die Passagiere begrüßt. Der französische Verkehrsminister Jean-Claude Gayssot macht deutlich, dass die Franzosen intern wohl sehr viel früher und eindeutiger auf eine Wiederbelebung der Concorde setzten, als nach außen deutlich wurde. „Wir haben schon am Tag nach der Katastrophe von Paris entschieden, dass die Concorde wieder fliegen wird, aber wir mussten erstmal eine Periode der Trauer verstreichen lassen", so der Minister. Auch Air-France-Chef Jean-Cyril Spinetta lobt: „Der Optimismus von Minister Gayssot hat sehr geholfen, dies ist ein stolzer Tag." Gleichzeitig betont der AF-Vorstandschef: „Wir nehmen den Verkehr jetzt wieder für eine lange Zeit auf, das Flugzeug ist auf dem neuesten Stand der Technik." BA-Chef Rod Eddington hingegen gesteht ein, dass die Concorde lauter sei als andere Flugzeuge und die Unterstützung durch die Flughafenanrainer essenziell notwendig: „Ohne die Zustimmung der Nachbarn würde die Concorde nicht wieder fliegen und wir sind begeistert über die positive Haltung der Leute in Heathrow und New York trotz des Lärms".

Doch es ist noch nicht alles wie früher: Vorerst bedienen beide Airlines nur einen eingeschränkten Flugplan: BA fliegt täglich außer samstags morgens (später täglich) um 10.30 Uhr ab Heathrow nach JFK, wo die Landung für 9.25 Uhr vorgesehen ist. Der Rückflug mit derselben Maschine startet um 12.15 Uhr und erreicht London um 21.10 Uhr, zu spät für Weiterflüge auf den europäischen Kontinent. Sobald die Umrüstung des vierten und fünften Flugzeugs abgeschlossen ist, sollen wieder zwei tägliche Verbindungen von und nach JFK im Flugplan stehen, darunter ein Flug ab New York um 8.30 Uhr morgens, heißt es Ende 2001. „Fünf bis sieben Prozent unserer Kunden kommen mit der Concorde nach New York, halten hier ein paar Stunden Meetings ab und fliegen mittags per Concorde wieder zurück nach London", weiß Mike Bannister. Zwischen Dezember 2001 und April 2002 bietet BA wieder einen Samstags-Umlauf nach Barbados in die Karibik, Flugzeit planmäßig drei Stunden und 45 Minuten.

Aber mit der weltweiten Wirtschaftsflaute, die sich vor allem in geringen Buchungen der teuren Passagierplätze niederschlägt und BA massive Verluste beschert, wird der geplante zweite Umlauf zwischen London–New York und umgekehrt erstmal auf Eis gelegt. Erst im Mai 2003 soll erneut über die Steigerung des Überschallangebots entschieden werden.

Unterdessen sind Mitte 2002 fünf Concordes bei BA sicherheitstechnisch modifiziert und auch mit neuem Kabineninterieur versehen, lediglich der Einbau der umgestalteten Toiletten verzögert sich. Ob auch die beiden noch nicht modifizierten Exemplare G-BOAA und G-BOAB umgerüstet werden, entscheidet sich je nach Marktlage. Während BA bereits ab November 2001 in allen drei zunächst eingesetzten Maschinen neben den sicherheitsrelevanten Änderungen auch die neuen Sitze installiert hat, baut Air France nur in vier Flugzeuge die neuen Sicherheitstechniken ein und will das Fünfte (F-BVFF) als Ersatzteilspender dauerhaft am Boden lassen. Die Franzosen fliegen zunächst auch nur fünfmal wöchentlich (außer Dienstag und Samstag) von und nach New York, und das mit lediglich 92 an Stelle von 100 Sitzen, erst ab 1. Juli 2002 gibt es wieder tägliche Umläufe. BA hat beim ersten Testflugzeug G-BOAF für die ersten 50 Flüge Testgeräte an der Stelle der letzten

Wieder Business as usual am BA-Concorde-Flugsteig in JFK (AS)

hinteren zwei Sitze eingebaut, um die Außentemperatur des Rumpfes zu messen. Diese Maschine befördert anfangs also nur maximal 98 Gäste. Die Franzosen lassen im Übrigen keinen Zweifel daran, dass sie künftig das Platzangebot wieder auf 100 steigern wollen – aber wohl erst nach einer Modifikation des Kabineninterieurs.

Die Buchungslage entwickelt sich zumindest bei BA im ersten Monat positiv: Zwischen Mitte Oktober und Mitte November 2001 werden fast 8000 Concorde-Tickets im Wert von über 30 Millionen Euro abgesetzt. Das entspricht etwa dem jährlichen Gewinn, den BA nach britischen Presseberichten vor dem Unfall mit dem Concorde-Geschäft gemacht haben soll. Und da die Flugpreise für den Überschallflug deutlich angezogen haben

Die aktuelle BA-Bemalung wird auch von der Concorde weiterhin getragen (AS)

(jetzt 5239 Euro für den Roundtrip ab Deutschland bei Air France, 5554 Euro bei BA), stehen die Chancen gut, dass dies bei aller sonstigen Misere wieder eine profitable Nische für die gebeutelten Airlines wird. Im Sommer 2002 zeigt sich, dass sich die Auslastung seit der Wiederaufnahme des Betriebs deutlich verbessert hat: Statt 50 bis 60 Prozent vorher liegt die durchschnittliche Zahl der gebuchten Sitze jetzt zehn Prozent höher. Möglicherweise ein Zeichen, dass die Reichen und Schönen im Zeitalter von Terrordrohungen lieber unter sich sind als in großen unüberschaubaren Jumbo Jets.

Allerdings sorgt die Concorde auch wieder für negative Meldungen: Im April und im Juli 2002 müssen zweimal schadhafte Triebwerke während des Überschallfluges abgeschaltet werden, die Flugzeuge aus der Reiseflughöhe von 50000 Fuß (ca. 16600 Meter) auf 30000 Fuß (ca. 10 000 Meter) sinken und im Unterschallflug ans Ziel weiterfliegen oder umkehren. Eine Gefahr für Flugzeug und Passagiere besteht dadurch nicht, sind sich Experten einig. „Das ist wie ein Husten des Motors, das geschieht innerhalb vom Bruchteil einer Sekunde und schüttelt das Flugzeug ganz gut durch", sagt BA-Concorde-Technikchef Claud Freeman. Nach dem Vorfall im Juli 2002 wird der betroffene Motor am Boden zerlegt und es zeigen sich Schäden. „Ob die als Reaktion auf das ‚Verschlucken' ausgelöst wurden oder nach dem Ansaugen eines Fremdkörpers beim Start ist noch nicht sicher", so Freeman. Auch zwei Startabbrüche, einer davon im März 2002 mit einer Kabine voller Prominenter auf dem Weg zu Liza Minnellis Hochzeit, bringen das Überschallflugzeug wieder ins Gerede der Boulevardpresse. „Bei der Concorde ist die öffentliche Aufmerksamkeit immer viel größer als bei einem normalen Flugzeug", weiß Claud Freeman.

Die Concorde trägt ausschließlich den stilisierten Union Jack am Heck (AS)

BRITISH AIRWAYS

Concorde von British Airways und Air France nach dem Neuanfang (AS)

jetBlue
C CC→

Britische Concorde in New York (AS)

9 Unterwegs mit der Concorde von London nach New York

Flug BA 001 verlässt den Flughafen London-Heathrow täglich um 10.30 Uhr britischer Zeit (UTC oder Greenwich Mean Time – GMT) zum Flug über den Nordatlantik nach New York-JFK über eine Distanz von 3150 nautischen Meilen oder 5833 Kilometern. Die planmäßige Blockzeit der Concorde auf dieser Route beträgt vier Stunden, die Ankunftszeit in New York (gegenüber England fünf Stunden zurück) wird im Flugplan mit 9.30 Uhr Eastern Standard Time angegeben. Die Concorde wird wegen dieser nur durch ihre Geschwindigkeit möglichen Ankunft nach Lokalzeit eine Stunde vor ihrer englischen Startzeit auch gern als „Zeitmaschine" bezeichnet. Jeder Abflug ist ein kompliziertes Zusammenwirken verschiedenster Beteiligter. Bereits etwa zwei Stunden vor dem Start treffen sich Pilot, Copilot und Flugingenieur zum Crew-Briefing, jeder kennt jeden, denn die Cockpitbesatzungen der Concorde sind eine kleine, feine Gemeinschaft am Höhepunkt ihrer Karriere – Air France verfügt über ein Dutzend Cockpitbesatzungen, bei BA sind es 18 Piloten, 15 Co-

Vor dem Abflug planen die Piloten sorgfältig ihre Flugstrecke und berechnen den Treibstoffverbrauch (AS)

piloten und 17 Flugingenieure. Beim Briefing erhält die Besatzung Informationen über ihre Route und das Wetter auf der Strecke, am Zielort und möglichen Ausweichplätzen wie Shannon, Gander, Santa Maria auf den Azoren, Halifax oder Washington.

Die Concorde-Routen sind im Gegensatz zu anderen Flugrouten über den Atlantik relativ statisch, es gibt eine Westroute, eine Ostroute und eine Reservestrecke. Hier fädeln sich jeweils die aus Paris und London kommenden Concordes ebenso ein wie auf dem Rückweg aus New York beide Maschinen in Richtung Europa. Laut Flugplan starten beide Flugzeuge in westlicher Richtung um eine Stunden zeitversetzt, sollte es durch Verspätungen einmal einen engeren Abstand geben, wartet notfalls eine Maschine am Boden, um eine ausreichende Separierung von 15 Flugminuten oder 550 Kilometern zu erreichen. Nach dem Briefing kümmert sich die Cockpitbesatzung darum, den Flugplan zu erstellen und die zentrale Frage nach der nötigen Treibstoffmenge zu klären. Als entscheidende Kriterien dabei sind zu berücksichtigen: Der zu erwartende Gegen- oder Rückenwind, die Temperaturen in Reiseflughöhe während des Überschallflugs (die sich je nach Phase der Tropopause erheblich unterscheiden können – generell gilt: Je kälter, desto effizienter die Triebwerke) und natürlich das Gewicht des Flugzeugs, das abhängig von der aktuellen Buchungslage ist. Auf einem typischen Flug werden zwischen 75 und 95 Tonnen Kerosin in die Tanks gepumpt, dabei muss immer Platz bleiben für das Umpumpen des Treibstoffs in die Trimmtanks, um den Schwerpunkt des Flugzeugs der jeweiligen Flugphase optimal anzupassen.

Eine Stunde vor dem Abflug begeben sich die Piloten ins Cockpit ihrer Concorde, das viel enger ist als Cockpits in heutigen Großraum-

Auf dem großen JFK-Flughafen vertrauen auch Concorde-Piloten auf die Karte (AS)

Nach zwei Stunden Überschallflug heizt sich die Flugzeugnase bis auf maximal 127 Grad Celsius auf (AS)

flugzeugen. Nur mit dem linken Bein voran, den Kopf tief eingezogen, kann der Pilot überhaupt im linken Sitz Platz nehmen, auch wenn sich die auf Schienen laufenden Sitze weit zurückfahren lassen. Der Flugingenieur hat bereits bei einem Rundgang um die Maschine einen Außencheck vorgenommen, heute steht G-BOAF für den Flug bereit, das erste nach dem Unfall umgerüstete und am längsten getestete Flugzeug. Während im Cockpit die Besatzung nochmal das Startverfahren durchspricht und die je nach Wetterlage und Gewicht gültigen Geschwindigkeitswerte V1 (Entscheidungsgeschwindigkeit, nach der ein Startabbruch nicht mehr möglich ist), VR (die Abhebegeschwindigkeit) und V2 (sichere Geschwindigkeit zum Steigen auch bei Motorausfall) festlegt, treffen sich im Terminal auch die Mitglieder der Kabinenbesatzung zu einem Briefing. Sechs Flugbegleiter (Damen und Herren, Durchschnittsalter bei Air France 32 Jahre, bei BA etwas älter) scharen sich um ihren Purser (Kabinenchef), der mit ihnen den bevorstehenden Flug durchgeht. Wie viele Gäste sind heute gebucht? Haben bestimmte Kunden besondere Bedürfnisse angemeldet, etwa ein Sondermenü? Welche Concorde-Vielflieger sind an Bord?

80 Prozent aller Fluggäste sind Wiederholer, und sie erwartet in der Concorde ein besonderer Service – sie werden meist mit Namen angesprochen und die Crews kennen ihre besonderen Vorlieben. Air France hat dafür in der Concorde-Serviceabteilung sogar eine eigene gut gehütete Kartei, die genau festhält, welches Mineralwasser ein bestimmter Geschäftsmann bevorzugt (80 Prozent der Kunden sind männlich), ob ein häufig fliegender Opernstar Fleisch bevorzugt oder vegetarische Kost oder welches Magazin ein Model am liebsten liest. Eine der wichtigsten Fragen beim Kabinenbriefing ist aber: Welche VIPs fliegen heute mit?

Filmstars, Rockmusiker, Klassikstars, Politiker, gekrönte Häupter oder Sporthelden lieben die Concorde. Auf fast allen Flügen sind bekannte Gesichter dabei, davon zeugen die Autogrammbücher der Kabinenbesatzungen bei BA, während Air France ihren Crews nie erlauben würde, Kunden in der Kabine um ein Autogramm anzugehen. Popstar Sting etwa ist ein so großer Concorde-Fan, dass er unbedingt bereits auf einem Testflug nach der Modifizierung 2001 dabei sein wollte, was BA aber sogar ihm verweigerte. Dafür nahm er am Erstflug nach der Zwangspause im November 2001 teil und stellte sich als einzig anwesender Prominenter geduldig den Fragen der Journalisten vor und während des Fluges und assistierte sogar in der Kabine beim Ausschenken von Champagner.

Es gibt in der Concorde eigene Gesetze für Prominente: Wer berühmt ist und seine Anwesenheit zeigen will, sitzt in einer der ersten drei Reihen, die die Airlines dafür eigens bis zuletzt freihalten. Besonders begehrt bei Möchtegern-Prominenz ist die vermeintlich beste Reihe 1, deren Sitze erst ganz zuletzt vor Abflug vergeben werden. Wer hingegen seine Ruhe wünscht, verzieht sich lieber in eine der letzten Reihen der hinteren Kabine – Liza Minnelli oder Michael Jackson sind für diese Vorliebe bekannt. Sich mit einem Concorde-Ticket den Eintritt in einen Club zu kaufen, bei dem Madonna vor einem und

Air-France-Concorde-Lounge in Paris CDG (AS)

Die drei Mann im Concorde-Cockpit haben nicht viel Platz (AS)

zur Geltung kommen. Keine Turbulenz stört den Flug mit Überschallgeschwindigkeit.

Als Mach 1,3 erreicht ist, ist auf dem Panel des Flugingenieurs zu erkennen, wie die Triebwerkseinlass-Tore computergesteuert nach unten fahren, um die anströmende Luft abzubremsen und zu verdichten, bevor sie die Brennkammern erreicht. Je wärmer in dieser Höhe die Lufttemperatur, desto langsamer verläuft der Aufstieg und umso mehr Treibstoff wird dafür benötigt. Die Geschwindigkeit ist an Bord selbst nicht zu spüren, aber ein Blick aus einem der gerade mal handgroßen Fenster zeigt, was die Concorde jetzt leistet: Unter ihr ist ein Jumbo Jet zu sehen, den sie bei Mach 1,54 locker hinter sich lässt. Das Besondere an der Concorde ist, dass sie nicht nur kurzfristig schnell sein kann wie ein Kampfflugzeug, sondern diese Geschwindigkeit auch für bis zu zweieinhalb Stunden ohne Luftbetankung beibehalten kann. „Wir hatten neulich mal Begleitung durch einen Tornado-Bomber auf einem Fotoflug", erzählt Captain Bannister, „den haben wir schon bei Mach 1,2 abgehängt, der konnte nicht gleichzeitig beschleunigen und steigen wie wir."

Die Nachbrenner sind bereits neun Minuten nach der zweiten Zündung wieder deaktiviert, oberhalb von Mach 1,7 werden sie nicht mehr benötigt. Während in der Kabine den heute 85 Passagieren schon zum zweiten Mal feinster Jahrgangschampagner angeboten wird, erreicht der Flug 38 Minuten und 40 Sekunden nach dem Abheben in Heathrow in einer Höhe von 49 000 Fuß (ca. 15 000 Meter) Mach 2, die doppelte Schallgeschwindigkeit, die auf diesem Flug bei genau 2156 km/h liegt. Mit abnehmendem Gewicht durch die leerer werdenden Tanks (der Verbrauch liegt im Reiseflug bei etwa 20,5 Tonnen oder gut 25 600 Litern pro Stunde) erreicht das Flugzeug im Verlauf der Atlantiküberquerung bis zu 60 000 Fuß (ca. 18 000 Meter). Auf Flughöhen ab 55 000 Fuß dürfen die Concorde-Piloten steigen, ohne dies mit der Flugsicherung abzustimmen – hier kommt ohnehin kein anderer Flugverkehr hin. Dieser so genannte „Cruise Climb" wurde in den Anfängen der Jet-Fliegerei von allen Flugzeugen praktiziert – bis die Lufträume dafür zu voll wurden.

Die Concorde fliegt in der oberen Stratosphäre am Rande des Weltraums – beim Blick aus dem Fenster nach oben sieht man die Weite des Universums – der Himmel ist auch am Tage beinahe pechschwarz. Nach unten bietet sich ebenfalls ein seltener Anblick: Ist der Horizont nicht durch Wolken oder Dunst unscharf konturiert, erkennt man deutlich die leicht gebogene Linie des Horizonts – nichts anderes als die Erdkrümmung. „Nur die Astronauten der Raumstation ISS sind jetzt höher als wir", sagt Captain Bannister, „die müssen Raumanzüge tragen, während wir hier im Hemd sitzen und 37 km pro Minute zurücklegen." Das Flugzeug scheint aber stillzustehen, die Oberkante der nächsten Wolken sind mindestens 6000 Meter unter der Concorde, die Orientierungspunkte fehlen. Aber in der Zeit, die es dauert, allein diesen kurzen Satz zu lesen, sind bereits über drei Kilometer Distanz zurückgelegt.

Der Autopilot ist jetzt in der MAX-CRUISE-Stellung, die Arbeitsbelastung für die Piloten gering. Neben der Geschwindigkeit ist der einzig limitierende Faktor hier oben die Temperatur der Außenhaut des Flugzeugs. Obwohl die umgebende Luft in dieser Höhe extrem dünn und mit etwa minus 50 Grad sehr kalt ist, reicht die durch die Reibung erzeugte Wärme aus, die Aluminiumlegierung des Flugzeugs gehörig zu erhitzen. Am heißesten wird es an der Spitze – die Concorde-Nase erreicht nach zwei Stunden Überschallflug bis zu 127 Grad Celsius, im Bereich des Cockpits sind es 97 bis 100 Grad, an den Flügelaußenkanten 105 Grad, während der hintere Teil des Rumpfes mit 91 Grad am kühlsten bleibt. Auch die Kabinenfenster sind von innen deutlich warm, auch wenn jedes Fenster genau genommen aus drei Scheiben besteht. Bei Erhitzung dehnen sich alle Materialien aus – so auch die der Concorde.

Während jedes Überschallflugs wird das Flugzeug ca. 20 Zentimeter länger und schrumpft bei langsameren Geschwindigkeit bis zur Landung wieder auf die Originallänge zusammen, alle Leitungen an Bord sind entsprechend flexibel verlegt, alle Systeme darauf abgestimmt. Dieses Phänomen lässt sich nur an einem Platz an Bord beobachten: Vor dem Start liegt das Instrumentenpanel des Flugingenieurs eng an der Cockpitwand an, während nach zwei Stunden Flug hier plötzlich ein Spalt klafft, der so breit ist, dass man problemlos seine Hand hineinstecken kann. „Wenn Sie die jetzt drinlassen bis zur Landung, dann sind Sie gefangen", scherzt Pilot Bannister.

In der Kabine geht es unterdessen betriebsam zu – die Gänge sind eng, wer auf die ebenfalls sehr wenig geräumigen Toiletten will, muss sich oft noch am Servierwagen vorbeizwängen. Für die Kabinenbesatzung ist die Arbeit hart – wegen des steilen Anstellwinkels der Concorde beim andauernden Steigflug müssen die Trolleys aus der hinteren Küche regelrecht bergauf gerollt werden, um den vorderen Teil der Kabine zu erreichen. Trotz der Enge ist der Concorde-Service auffällig individuell, die Flugbegleiter haben für jeden ein persönliches Wort und unterhalten sich in vielen Sprachen fließend. Für verwöhnte Vielflieger vielleicht glücklicherweise, für seltenere Gäste sicher bedauerlich, hat BA die Edelvöllerei mit Kaviar und Foie Gras in der Concorde lange abgeschafft und setzt im Gegensatz zu ihrer eher gourmetorientierten französischen Konkurrenz auf Handfestes an Bord. Die heutige Menüauswahl bietet zum Brunch etwa ein klassisch englisches Frühstück mit fetttriefenden Würstchen, Eiern und gebratenem Speck, als Alternativen stehen Tagliatelle mit Wildpilzen und Spargel, Seebarsch mit mediterranem Gemüse oder ein Salat mit Huhn und getrockneten Tomaten zur Auswahl. Die Weinliste ist exklusiv, aber für mehr als insgesamt vier Sorten fehlt an Bord der Stauraum (ein Champagner, ein edler Krug 1985, ein Roter, ein Weißer sowie ein Portwein stehen zur Auswahl.

Auch das Unterhaltungsangebot in der Concorde kann sich nicht dem messen, was man heute in der First oder Business Class fast aller Fluggesellschaften in konventionellen Flugzeugen findet, es steht lediglich ein Audioprogramm (fünf Kanäle) mit hochwertigen Kopfhörern zur Verfügung. Der Einbau von Videomonitoren an jedem Sitz wäre möglich, ist aber laut der BA-Marktforschung von den Passagieren nicht gewünscht. Und tatsächlich, die meisten lesen oder schlafen nach dem Essen, wenige arbeiten. Das ist bei den Prominenten nicht anders: Fergie auf 1A sortiert zunächst Material für ihr nächstes Kinderbuch und signiert Fotos, hält dann ein Nickerchen. Sir Paul McCartney dahinter auf 2A genießt ausgiebig und ausschließlich seinen Käseteller, während Hugh Grant auf 3C erst ein abgegriffenes Taschenbuch liest und sich anschließend mit einem weißhaarigen Manager neben sich unterhält. Sehr viel Platz, sich auszubreiten, haben sie alle nicht – der Sitzabstand beträgt 38 inch oder 96,4 Zentimeter, etwa so viel wie BA in ihrer neuen aufgewerteten Economy-

Air-France-Kabine 1993 (AS)

Class-World-Traveller Plus im Jumbo-Jet bietet. Trotzdem sind gerade bei BA die neuen Concorde-Sitze aus blauem Connolly-Leder so geschickt konstruiert, dass sie sich angenehm neigen lassen und über bequeme Fuß- sowie verstellbare Kopfstützen verfügen. Und schließlich muss niemand in der Concorde länger als vier Stunden sitzen, Nachtflüge gibt es ohnehin nicht.

Die Rekordzeit von unter drei Stunden über den Atlantik gilt bis heute (AS)

Zwei Stunden und fünfzig Minuten nach dem Start in London, auf einer Höhe von 58 000 Fuß (ca. 17 600 Meter), fahren die Piloten die Schubhebel langsam zurück und verlassen Mach 2, gleichzeitig beginnen sie fast unmerklich den Sinkflug. Die Sinkrate liegt bei etwa 5000 Fuß (knapp 1500 Meter) pro Minute, Cape Cod an der US-Ostküste taucht zunächst auf dem Radarbild auf, bald darauf an der rechten Seite in natura. Nach drei Stunden und einer Minute Flugzeit wird die Concorde wieder langsamer als der Schall und fliegt wieder mit Mach 0,95. „Auch wenn wir immer noch 15 Prozent schneller sind als die anderen Jets, müssen wir jetzt wieder genau dieselben Verfahren befolgen", erklärt Captain Bannister. Rasend schnell scheint die Concorde auf die Küste von Long Island zuzurasen, während die Fluglotsen die Genehmigung für den weiteren Anflug auf JFK erteilen. Inzwischen muss die Concorde wieder einen steileren Anstellwinkel einnehmen, um genügend Auftrieb zu haben. Auf einer Flughöhe von 2500 Fuß (ca. 760 Meter) liegt der Winkel bei elf Grad, was dazu zwingt, die Nase vollständig auf 12,5 Grad abzusenken, um ausreichende Bodensicht aus dem Cockpit zu haben.

Inzwischen ist das Fahrwerk inklusive dem kleinen Heckrad ausgefahren und verriegelt, die Landebahn 4R in JFK in Sicht. „Speedbird Concorde zero zero one heavy, cleared to land four right wind zero seven zero at one five knots", ertönt der Fluglotse im Kopfhörer. Die Landegeschwindigkeit beträgt 300 km/h, das Gewicht immer noch 103 Tonnen, das Flugzeug erreicht unmittelbar vor dem Aufsetzen seinen steilsten Anstellwinkel von 13 Grad. „Die Concorde ist beim Landen sehr leicht zu fliegen, gut zu manövrieren und sehr stabil", lobt Captain Bannister. Ab einer Höhe von etwa 100 Fuß (ca. 33 Meter) über dem Boden, stellt sich der so genannte Bodeneffekt ein. Vor der sich schnell nähernden großen Flügelfläche wird die Luft zwischen Flugzeug und Piste zusammengedrückt, was zusätzlichen Auftrieb erzeugt, ein Teil des Lärms der in die Triebwerke strömenden Luft wird gleichzeitig reflektiert. Nach genau drei Stunden, 18 Minuten und 39 Sekunden in der Luft setzen die Räder des Hauptfahrwerks von BA-Concorde Alpha Foxtrott in New York auf. Sofort aktivieren die Piloten den Umkehrschub, als auch einige Sekunden später das Bugfahrwerk aufsetzt, werden die Triebwerke nochmal kurz hochgefahren, um die verbleibende Geschwindigkeit abzubauen.

Gleich nach Verlassen der Landebahn schaltet der Flugingenieur die beiden inneren Triebwerke ab – am Ende eines Fluges reichen auch zwei Motoren, um zum Terminal zu rollen. Um diese Zeit ist die BA-Concorde das zweite Flugzeug des Tages nach der Air-France-Maschine aus Europa – die Einreiseformalitäten sind in Minuten erledigt. Bei Concorde-Passagieren geben sich Passbeamte und Zöllner auffallend umgänglich. 85 Passagiere und neun Besatzungsmitglieder stehen weniger als vier Stunden nach dem Einsteigen in London jetzt in New York, doch der Kopf mag kaum erfassen, wie der Körper so schnell von einem Kontinent zum anderen gelangen konnte. Für die Weiterfahrt vom Flughafen ist inzwischen jeder selbst verantwortlich – früher offerierten beide Gesellschaften einen Gratis-Hubschraubertransfer mit einem Sikorsky S61 in elf Minuten zum Heliport an der 34. Straße in Manhattan, doch dann stellte der Betreiber New-York-Helicopter den Betrieb ein. Später gab es einen Limousinenservice, alles passé, angeblich mangelnde Nachfrage.

In der Concorde gibt es wenig Stauraum, die Mäntel werden gesammelt an Bord gebracht (AS)

Fast so schnell wie der Schall: Projekt Sonic-Cruiser (Boeing)

10 Die Zukunft

Die Concorde wird noch bis maximal ins Jahr 2015 weiter fliegen. Aber was kommt dann? „Es muss einen Nachfolger geben. Wir könnten keine Situation akzeptieren, in der BA-Kunden in 15 Jahren keine bessere Wahl haben als es sie jetzt gibt“, erklärt kategorisch BA-Marketingchef Martin George. Aber die rechtzeitige Einführung eines Nachfolgemodelles ist aus heutiger Sicht mehr als unwahrscheinlich. Es fehlt an der nötigen Technologie, um mehr als 300 Passagiere überschallschnell und mit transpazifischer Reichweite nach künftigen Umweltverträglichkeitsstandards zu befördern, und es fehlt der Markt, der bereit wäre, dafür saftige Aufpreise gegenüber gewöhnlichen Flugpassagen zu zahlen. Schon die Concorde war unter wirtschaftlichen Gesichtspunkten nie-

Russisch-amerikanische Studie für ein Überschallgeschäftsreiseflugzeug (AS)

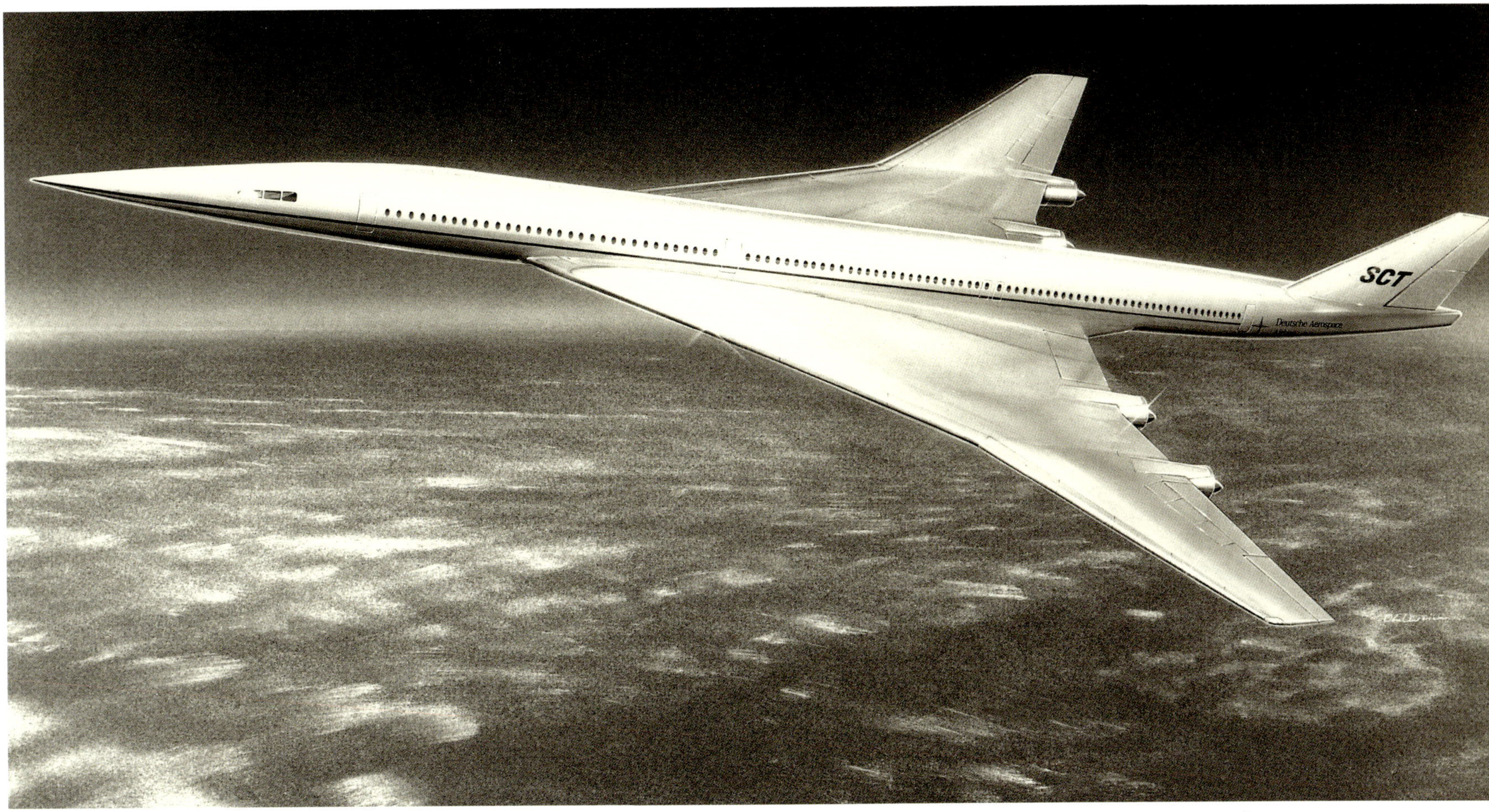

So stellte sich die Deutsche Airbus einen künftigen Überschalljet vor (AS)

mals profitabel, ein neues Projekt hätte nur dann eine Chance, wenn Hersteller und Airlines damit Geld verdienen könnten. Am wahrscheinlichsten erscheint heute, dass es künftig allenfalls kleine Geschäftsreiseflugzeuge mit Überschallgeschwindigkeit geben wird, nachdem auch Boeing inzwischen wieder etwas von seinem zuletzt propagierten Sonic Cruiser abgekommen ist. Dieses Konzept eines gerade schallschnellen Flugzeugs (Mach 0,98) soll gegenüber herkömmlichen Jets einen 15- bis 20-prozentigen Geschwindigkeitsvorteil bringen, aber trotzdem unlösbare Probleme wie den Überschallknall umgehen. Airbus setzt seinen behäbigen Super-Jumbo A 380 dagegen, der sich bereits im Bau befindet und 2006 erstmals ausgeliefert wird. Die Grundfrage der Luftfahrtindustrie am Beginn des 21. Jahrhunderts lautet: Größe oder Geschwindigkeit?

Boeing hofft, mit dem Sonic Cruiser in die künfige Marktlücke Geschwindigkeit vorzustoßen. Wesentliche Merkmale des Konzeptentwurfs sind die großen Doppel-Deltaflügel, zwei kleine, nach innen gebogene Seitenleitwerke, unter denen die beiden Motoren arbeiten, außerdem am vorderen Rumpf zwei auffällige so genannte Entenflügel, die das Flugzeug steigen oder sinken lassen. Der Sonic Cruiser für 225 Passagiere ist dabei nach heutigen Planungen etwa so lang wie eine Boeing 747–400. Knapp unterhalb der Schallgeschwindigkeit fliegend soll der Sonic Cruiser etwa auf der Strecke Frankfurt–Los Angeles zwei Flugstunden einsparen können. Das Projekt, so Boeing, basiert überwiegend auf konventioneller, heute bereits vorhandener Technologie und könne schon 2008 auf dem Markt sein. Obwohl Alan Mulally, Chef

Boeing forscht bis heute weiter an künftigen Überschallkonzepten (AS)

Mc Donnell Douglas betrieb vor der Fusion mit Boeing eigene Studien (AS)

Entwurf von British Aerospace für einen Überschallgeschäftsreisejet (AS)

von Boeings zivilem Flugzeugbau, erklärt, dass der „der Sonic-Cruiser die Art, wie die Welt fliegt, so dramatisch verändern wird wie die Einführung der Düsenflugzeuge, steht keineswegs fest, ob sich der schlanke Flitzer wirklich jemals in die Lüfte erheben wird. Der größte Nachteil des kühnen Designs ist nämlich ein um mindestens 20 Prozent erhöhter Treibstoffverbrauch gegenüber heutigen Flugzeugen. „Aber die Zeitersparnis bietet einen höheren Wert", wirbt Mulally, im Übrigen könne der Sonic Cruiser in einer Flughöhe von bis zu 17000 Metern über dem Wetter und oberhalb des übrigen Luftverkehrs auf direkteren Routen fliegen und damit wieder Sprit einsparen. Airbus geht nach eigenen Analysen eher von 25 Prozent mehr Treibstoffverbrauch aus und kommt auf 50 Prozent höhere Betriebskosten pro Sitz als beim A380.

Je nach Flugroute fällt die Verkürzung der Flugdauer im Sonic Cruiser recht unterschiedlich aus und damit die Bereitschaft der Fluggäste, möglicherweise höhere Ticketpreise in Kauf zu nehmen. Von New York nach London etwa sind es gerade mal 50 Minuten weniger, umgekehrt eine Stunde und 15 Minuten Zeitgewinn. Auf der extremen Langstrecke von Los Angeles nach Sydney, für die heute gut 14 Stunden nötig sind, könnte der Sonic Cruiser nur maximal einen um knapp zwei Stunden verkürzten Flug bieten. Von Los Angeles nach Singapur immerhin wäre die Zeit an Bord mit zwei Stunden und 40 Minuten weniger als zur Zeit schon wesentlich kürzer. Erstmals könnte der futuristische Jet Europa nonstop mit Australien verbinden, was nur noch etwas über 18 Stunden dauern würde anstelle der heute 23 Stunden inklusive einer Zwischenlandung.

Wesentliches Element im Boeing-Konzept sind verbesserte Fertigungstechniken und neue Werkstoffe. „Wir wollen eine starke Vereinfachung durch weniger und simplere Teile erreichen und Metall mit leichten Kompositwerkstoffen kombinieren", sagt Alan Mulally, „aber das Flugzeug könnte sogar ganz ohne Metall auskommen". Allerdings gibt Boeing zu, dass im selben Zeitraum genau diese Verbesserungen auch die Effizienz konventioneller Flugzeuge um 20 Prozent steigern könnten und damit viele Vorteile des Sonic-Cruiser-Konzepts obsolet wären. Das birgt auch weiterhin jede Menge Fragezeichen. Jeder Aerodynamiker etwa weiß, dass kurz unterhalb der Schallgrenze sehr labile Flugzustände herrschen können, die vorher schwer zu simulieren sind. Völlig ungeklärt sind auch die Umwelteinflüsse eines Flugzeugs, das in Höhen vorstößt, in denen bisher nur die wenigen Concordes unterwegs sind.

In den 1990er Jahren gibt es die bisher letzten ernsthaften Versuche, Tests für eine künftige Generation von Überschallflugzeugen durchzuführen. Es sind die Amerikaner, die

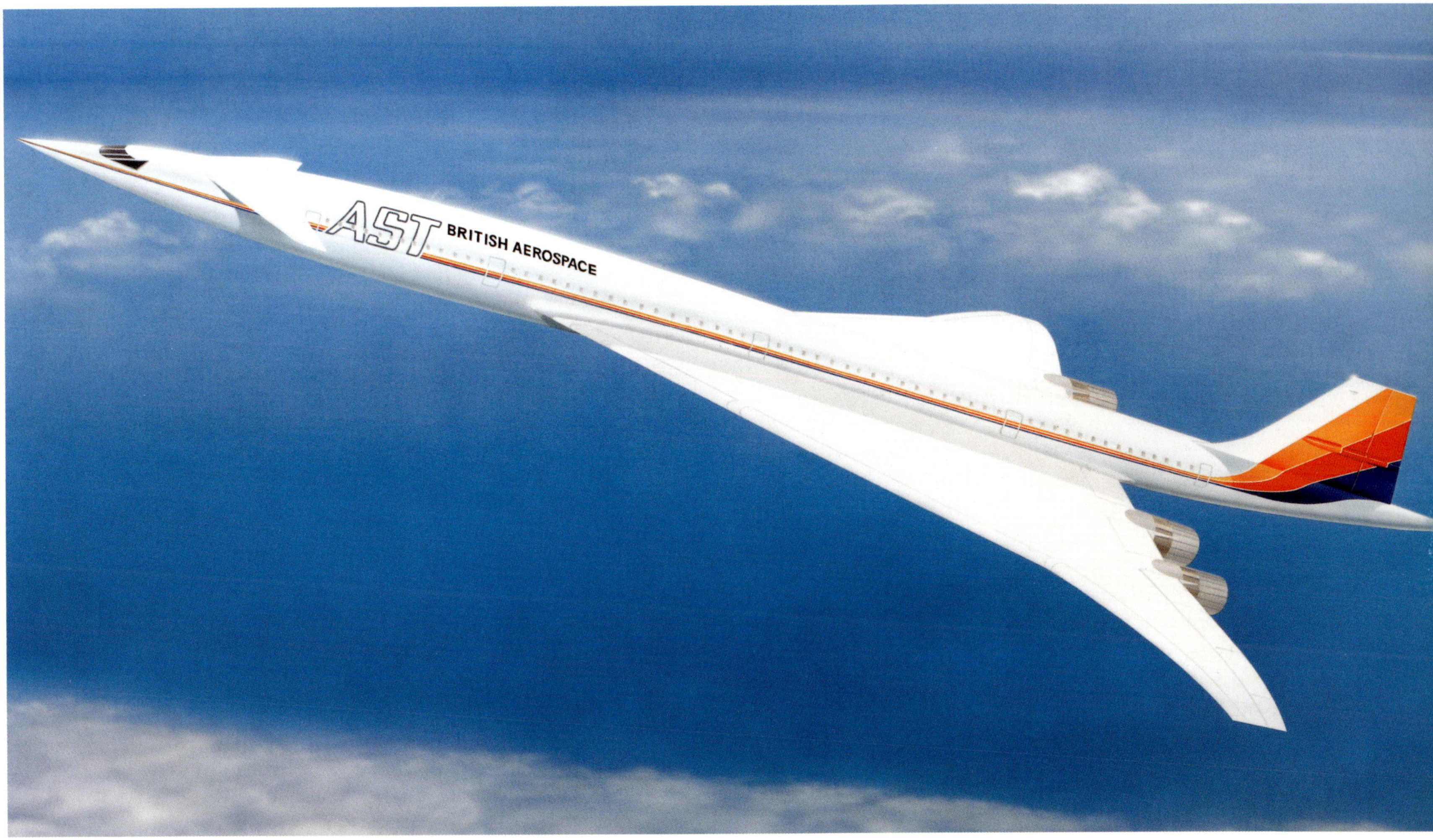

Die Konzeptstudie von British Aerospace verfügt über Entenflügel hinter dem Cockpit (AS)

Aérospatiale beschäftigt sich mit möglichen Concorde-Nachfolgern (AS)

ihre vor vier Jahrzehnten gegen die Europäer erlittene Schmach vergessen machen und die Nase vorn haben wollen. Boeing hatte sein Supersonic-Transport-(SST)-Programm damals bereits nach kurzer Zeit sang- und klanglos eingestellt, die Trümmer des 1:1-Holzmodells liegen heute noch in einem verwilderten Teil des Kennedy Space Centers in Florida. Drei Jahrzehnte später startet die NASA Mitte der neunziger Jahre gemeinsam mit Boeing ein Forschungsprogramm unter dem Titel High Speed Civil Transport (HSCT), um ein ziviles Überschallflugzeug der nächsten Generation zu entwerfen. Die Investitionen sind bereits gewaltig: 1,6 Milliarden Dollar spendierte die Raumfahrtagentur und von Boeing waren Mittel von bis zu 20 Milliarden Dollar eingeplant.

Spektakulärster Teil des Programms ist die Reaktivierung des russischen Überschallflugzeugs Tupolew Tu-144, gemeinsam mit den Russen müssen die Amerikaner erstmal grundlegende Daten des Überschallbetriebs gewinnen. Auf die Idee, einfach eine Concorde zu mieten, sind sie offenkundig nicht gekommen. Doch Ende 1998 ist plötzlich Schluss – Boeing steigt aus, die NASA kann allein nicht weitermachen. „Wir wussten, dass wir einen einmaligen HSCT-Prototyp hätten bauen können", sagt Boeings ehemaliger Programm-Manager Robert Cuthbertson, „aber in wirtschaftlicher und technischer Hinsicht haben wir gemerkt, dass die Hürden zu hoch waren, um ein kommerziell tragfähiges Überschallflugzeug zu bauen." Vor allem im Bereich der Verarbeitung der benötigten neuen Materialien fehlt einfach das Know-how. Trotzdem liefert das Programm wertvolle Erkenntnisse darüber, wie ein solches neues Superflugzeug beschaffen sein müsste.

Entscheidend, um an einen wirtschaftlichen Erfolg überhaupt denken zu können, sind Effizienz, Reichweite und Umweltverträglichkeit. Maximal 20 bis 25 Prozent teurer als Unterschall-Passagen dürften nach Expertenmeinung künftige Überschalltickets sein. Ein künftiges Superflugzeug müsste daher 300 Passagiere fassen, dreimal soviel wie die Concorde. Ein HSCT benötigt außerdem eine auch für Transpazifikstrecken genügende Reichweite von etwa 10000 Kilometern, fast die doppelte Strecke, die die Concorde nonstop schafft. Die Geschwindigkeit müsste mit Mach 2,4 ebenfalls erheblich höher liegen als beim Vorgänger – noch größeres Tempo allerdings wäre mit konventionellem Kerosin wegen der Hitzeentwicklung des Treibstoffs nicht mehr möglich.

Und schließlich die Umwelt: Die Stickstoffemission der Triebwerke, in den großen Flughöhen eines Überschallfliegers besonders heikel, müsste gegen null gehen, um überhaupt eine Chance zu haben, gebaut zu werden. Die Lärmentwicklung schließlich dürfte die heutiger konventioneller Flugzeuge nicht übersteigen – kurzum: Die Eier legende Wollmilchsau der Lüfte ist gefragt. Bei derart hohen, sich bisher teilweise gegenseitig unmöglich machenden Anforderungen muss selbst die geballte Kraft von NASA und Boeing kapitulieren. Vor allem die heutige Triebwerkstechnik reicht noch nicht aus, die hochgesteckten Ziele zu erfüllen. Außerdem kann bisher keine Technik der Welt den Überschallknall verhindern, was auch zukünftige Projekte dazu im Wortsinn verdonnert, ihre volle Geschwindigkeit nur über den Ozeanen auszuspielen. Damit blieben Überschallflüge

Die NASA ließ 1996 die russische Tu-144 für Überschallstudien nochmals aufsteigen

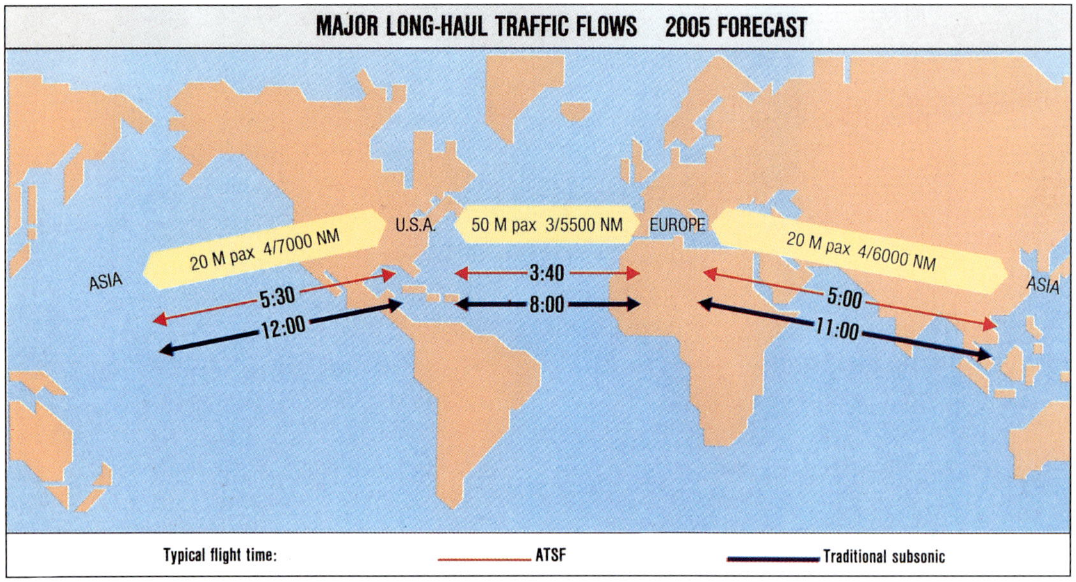

Künftige Überschalljets brauchen Transpazifik-Reichweite (AS)

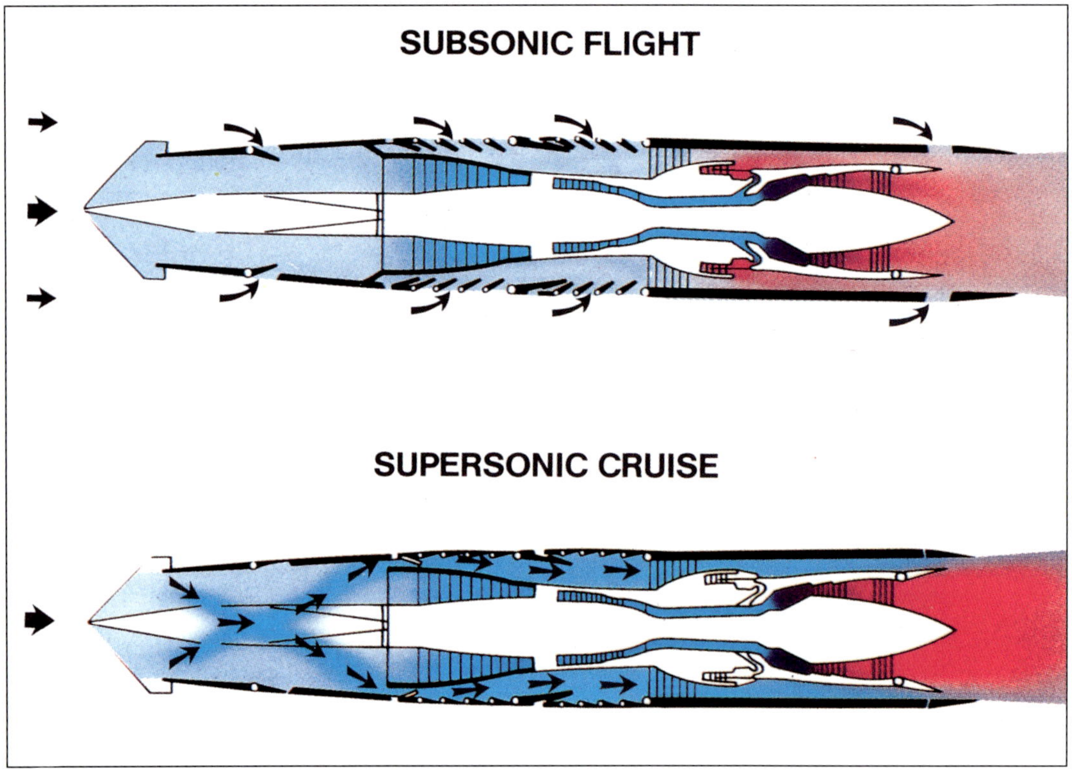

Neue Triebwerkstechnologie ist gefragt (AS)

auch künftig auf Transatlantik und -pazifik beschränkt. Boeing-Chef Phil Condit geht jetzt davon aus, dass vor dem Jahr 2020 auf keinen Fall ein Concorde-Nachfolger auf dem Markt sein kann, und selbst das gilt in Fachkreisen als äußerst unwahrscheinlich. Ohne großes Aufhebens arbeiten unterdessen bei Boeing rund 70 Spezialisten weiter an der Überschallforschung – denkbar wäre auch der Bau kleiner schneller Jets für den Geschäftsreiseverkehr.

Zugute kämen einem solchen abgespeckten Projekt die Erkenntnisse aus dem HSCT-Programm. Um Gewicht zu sparen und die Aerodynamik zu verbessern würde ein Concorde-Nachfolger zum Beispiel keine klappbare Nase mehr besitzen – und die Piloten könnten damit die Piste nicht mehr selbst sehen. Deshalb entwickelten die Ingenieure ein synthetisches Sichtsystem, das computergenerierte Bilder des Aussengeschehens auf Bildschirme ins Cockpit überträgt. Die NASA hat bereits Testflüge mit solchen Systemen durchgeführt, die aus einem Verbund von digitaler Videokamera, drei Infrarotkameras und zwei Mikrowellen-Radarsystemen gespeist werden. Das Prinzip kann auch für die zivile Luftfahrt allgemein von großem Nutzen sein: Es arbeitet vollkommen wetterunabhängig und soll helfen, künftig Unfälle wie die häufigen Flüge in Hindernisse wie Berge zu vermeiden. In diesem Bereich forschen NASA und Industrie deshalb auch kräftig weiter. Andere wichtige Bereiche des HSCT-Programms sind neue Computer-Design- und Simulationsverfahren, die etwa viele der früher aufwändig im Windkanal durchgeführten Tests ersetzen können. Außerdem die Triebwerkstechnologie: dabei blieb hier das Lärmproblem bisher ungelöst, zumal leisere Motoren ungleich schwerer sind. „Wir haben uns nicht aggressiv genug um den Lärm gekümmert", gibt Boeing-Mann Robert Cuthbertson zu, „das bisher vorgesehene Flugzeug wäre etwas lauter als die Boeing 747 gewesen – und das war nicht gut genug." Unterdessen forscht die NASA mit einem 250 Millionen-Dollar-Programm weiter an „ultraeffizienter Triebwerkstechnologie".

Eines der wichtigsten Ergebnisse des Hochgeschwindigkeitsprogramms schließlich ist ein neuer Werkstoff namens PETI-5, ein Komposit-Material mit extremer Hitzeresistenz. In Testreihen hielt PETI-5 bereits für 15 000 Stunden Temperaturen von 176 Grad Celsius stand, was etwa fünf Jahren Dauereinsatz in der Aussenhaut eines Überschalljets entspricht. Ziel war die Zertifizierung für eine Lebensdauer von 20 Jahren. „Bis wir bei Lärm, Umweltverträglichkeit und Herstellung größere Fortschritte machen ist es unklar, ob jemals irgendwer einen Ersatz für die Concorde bauen wird", sagt Robert Cuthbertson.

Daran zweifelt auch Ron Davies, US-Luftfahrthistoriker und früherer Marktforscher. Er hat über den „Überschall-Unsinn" ein ganzes Buch geschrieben und weist akribisch nach, dass es dafür absolut keinen Bedarf gibt. „Schon Millionen von Steuer-Dollar für das HSCT-Programm auszugeben ist unentschuldbar. Es ignoriert mutwillig die elementare Voraussetzung für ein kommerzielles Projekt, egal ob Cornflakes oder Überschallflugzeuge, dass es nämlich einen Markt für solch ein Produkt geben muss", so Davis. Nach seinen Berechnungen bestehe ein realer Bedarf für gerade mal 40 Flugzeuge, was bei gesamten Entwicklungskosten von geschätzten 20 Milliarden Dollar auf eine halbe Milliarde Dollar allein an Entwicklungskosten pro Flugzeug käme – mithin dasselbe wirtschaftliche Fiasko wie bei der Concorde vorprogrammiert ist. Gerade mal 0,05 Prozent aller Nordatlantik-Passagiere des Jahres 2010 wären auf der Grundlage bisheriger Erfahrungen bereit, den für die Nutzung eines HSCT nötigen Aufschlag zu zahlen. Auch für Hyperschallflugzeuge, vom damaligen US-Präsidenten Reagan als „Orient Express" forciert, sieht Davis keine Chance. Mit Mach 5 von New York in gut drei Stunden nach Tokio, schön und gut, aber niemand hat bisher beachtet, so Davis, dass durch die zehnstündige Zeitverschiebung überhaupt kein sinnvoller Flugplan möglich sei, der es Reisenden ermöglicht, die teuer gewonnene Zeit sinnvoll zu nutzen.

Japan Airlines träumt vom Überschallverkehr der Zukunft (AS)

Französische Concorde – noch ohne Anstrich (AF)

Concorde bei der Abfertigung am Fingerflugsteig

Vergleich: Tupolew Tu-144 und Boeing 2707

	Tupolew Tu-144 (Serienversion)	Boeing 2707–100 (1966)
Spannweite	28,80 m	53,10 m max. (Schwenkflügel)
Länge	65,70 m	93,27 m
Höhe	12,85 m	14,10 m
Max. Rumpfbreite	3,80 m	
Spurweite	6,05 m	
Radstand	19,60 m	
Kabinenlänge	26,50 m	k. A.
Max. Kabinenbreite	3,58 m	
Max. Kabinenhöhe	1,93 m	
Flügelfläche	438 qm	836,1 qm
Max. Passagierzahl	140	277
Triebwerke	4x Kuznetsow NK-144	4x GE4/J
Schub m. Nachbrenner	je 196,1 kN	je 267 kN
Max. Startgewicht	180 000 kg	
Max. Landegewicht	120 000 kg	k. A.
Max. Nutzlast	15 000 kg	
Gewicht o. Kraftstoff	100 000 kg	306 175 kg
Reisegeschwindigkeit	Mach 2,35	Mach 3
Startgeschwindigkeit	Nicht bekannt	
Landgeschwindigkeit	280 km/h	
Dienstgipfelhöhe	20 000 m	19 500 m
Startstrecke	3000 m	
Landestrecke	2600 m	
Reichweite mit voller Nutzlast	6500 km	6440 km

Die sowjetische Tu-144 kam der Concorde zuvor, wurde aber nie im regulären Passagier-Linienverkehr eingesetzt

Aufträge für Überschallflugzeuge

1. Optionen 1967

Stand 17. Januar 1967,
Quelle: Deutsche Lufthansa

Airline	Boeing SST	Concorde
American Airlines	6	6
Braniff Airways	2	3
Continental Airlines	3	3
Delta Air Lines	3	–
Eastern Air Lines	2	4
Northwest Airlines	4	–
Pan American	15	8
Trans American	2	–
TWA	10	6
United Airlines	6	6
World Airways	3	–
Aeronaves de Mexico	2	–
Air France	6	8
Air India	3	2
Alitalia	6	–
BOAC	6	8
CPAL	3	–
EL AL	2	–
Iberia	3	–
Irish International	2	–
Japan Airlines	5	3
KLM	3	–
Lufthansa	3	–
Pakistan International	2	–
Qantas	6	4
Sabena	–	2
Middle East Airlines	–	2
Air Canada	6	4
Ungenannte	6	–
GESAMT	**120**	**69**

2. Concorde – Optionen und Bestellungen 1972

Stand 3.8.1972,
Quelle: Deutsche Lufthansa

Airline	Optionen	Bestellungen	Gesamt
Air Canada	4	–	4
Air France	4	4	8
Air India	2	–	2
American Airlines	6	–	6
BOAC	3	5	8
Braniff Airways	3	–	3
CAAC	1	2	3
Continental Airlines	3	–	3
Eastern Airlines	6	–	6
Iran Air	–	3	3
Japan Airlines	3	–	3
Lufthansa	3	–	3
Middle East Airlines	2	–	2
Pan American	8	–	8
Qantas	4	–	4
Sabena	2	–	2
TWA	6	–	6
United Airlines	6	–	6
GESAMT	**62**	**14**	**76**

Bibliografie

Birtles, Philip: Concorde, Shepperton 2000

Calvert, Brian: Flying Concorde, Shrewsbury 1981 und 1989

Costello, John und Hughes, Terry: The Concorde Conspiracy, New York 1976

Davies, R. E. G.: Supersonic (Airliner) Non-Sense, McLean 1998

Endres, Günter: Aérospatiale/British Aerospace Concorde – The History of Supersonic Transport, Shrewsbury 2001

Ganzer, Uwe: Concorde – Großtechnik zwischen Macht und Mangel, in: Bild der Wissenschaft Nr. 11/1978, Stuttgart 1978

Moon, Howard: Soviet SST, New York 1989

Orlebar, Christopher: The Concorde Story, London 1994

Owen, Kenneth: Concorde and the Americans, Washington/Shrewsbury 1997

Polacco, Michel: Concorde, Paris 1996

Schrader, Richard K.: The full story of the Anglo-French SST Concorde, Missoula 1989

Tricot, Henri: Concorde – Autopsie d'un crash, Paris 2001

Trubshaw, Brian: Concorde – The Inside Story, Phoenix Mill 2000

Weir, Andrew: The Tombstone Imperative – The Truth about Air Safety, London 2000

Beim Abheben in feuchtem Wetter zeigen sich deutlich die Verwirbelungen über den Tragflächen (AF)

Autor Andreas Spaeth in der neuen BA-Concorde-Kabine November 2001 (AS)

Danksagung

Für die Hilfe und Unterstützung bei meinen wiederholten Recherchen über die Concorde und bei der Zusammenstellung dieses Buches möchte ich folgende Personen besonders hervorheben: Bei British Airways Bernd Wietfeld und Karen Herzog (Pressestelle Frankfurt), Rainer Ziegowski (München) sowie Captain Michael Bannister und Claud Freeman in London. Bei Air France Wolfgang Häg sowie Isabelle Mossler (Pressestelle in Frankfurt) sowie bei Wolfgang Bittner (Lufthansa-Firmenarchiv, Köln).

Der Autor

Andreas Spaeth, Jahrgang 1966, ist Diplom-Journalist und Absolvent der Deutschen Journalistenschule in München. Seit 1989 arbeit er als Freier Journalist und Fotograf mit den Schwerpunkten Luftverkehr und Reise, 1990 gewann er den Nachwuchspreis des Luftfahrt-Presse-Clubs. Er ist regelmäßiger Mitarbeiter führender Tageszeitungen wie der Süddeutschen Zeitung und der Frankfurter Allgemeinen Zeitung, schreibt für die Wochenzeitung Die Zeit ebenso wie für eine Vielzahl an Publikumszeitschriften und Fachpublikationen (z. B. Flug Revue, Business Traveller), außerdem für Firmenmagazine aus der Luftfahrtbranche. Bei aktuellen Anlässen in der Luftfahrt ist er ein gefragter Gesprächspartner im Fernsehen (z. B. ARD-Tagesthemen, ZDF-Morgenmagazin, ntv) und Radio. Andreas Spaeth lebt in Hamburg und ist erreichbar über die Website www.aspapress.com.

Concorde-Flüge des Autors

(angegeben ist die reine Flugzeit)

27. Januar 1993 Air France F-BTSD CDG–JFK 3 Std. 27 Min. 20 Sek.

14. Dezember 1995 British Airways G-BOAB LHR–JFK 3 Std. 30 Min. 33 Sek.

17. Dezember 1995 British Airways G-BOAB JFK–LHR 3 Std. 17 Min. 49 Sek.

18. Juli 1997 Air France F-BVFA CDG–JFK 3 Std. 31 Min. 26 Sek.

28. Juli 2000 British Airways G-BOAC LHR–JFK 3 Std. 25 Min. 59 Sek.

12. November 2001 British Airways G-BOAF LHR–JFK 3 Std. 18 Min. 39 Sek.

Durchstarten und abheben:

Die 1926 aus dem Zusammenschluss der Junkers Luftverkehrs AG und der Deutschen Aero Lloyd AG entstandene Deutsche Lufthansa ist eine der ältesten Fluggesellschaften der Welt. Längst ist der Kranich zu einem Markenzeichen im internationalen Luftverkehr geworden. Mit prächtigen Bildern und fundierten Texten dokumentieren die Autoren die wechselvolle Geschichte der deutschen Vorzeige-Airline und ihrer Flugzeuge.

Das große Buch der Lufthansa

144 S., 130 Abb., Format 24 x 30 cm
ISBN 3-7654-7238-7

GeraMond

Im gut sortierten Buchhandel! / www.geranova.de